普通高等教育"十二五"规划教材
全国高校应用人才培养规划教材·网络技术系列

ASP.NET 4.0 Web 网站开发实用教程

主　编　于富强　解春燕
副主编　尹志宇　李晓宁　梁　伟

北京大学出版社
PEKING UNIVERSITY PRESS

内 容 简 介

本书采用层层递进的方法，以 Visual Studio 2010 和 SQL Server 2008 Express 为开发平台，以技术应用能力培养为主线，较为全面地介绍了 ASP.NET 4.0 的所有基本功能，主要包括 ASP.NET 4.0 基础、C#语言基础、ASP.NET 内置对象、Web 服务器控件、服务器验证控件、网站导航、用户控件、主题和母版、数据库技术、LINQ 数据库技术、用户和角色管理、Web 服务和 WCF 服务、AJAX 应用服务，最后以图书管理系统综合实例，为读者提供了 ASP.NET 4.0 网站开发的学习模板。书中包含的实例来自作者多年的教学积累和项目开发经验，颇具实用性。

本书概念清晰，逻辑性强，内容由浅入深、循序渐进，通过具体的实例来熟悉和掌握 ASP.NET 4.0 的重要特性，并通过练习的方式来进一步呈现和演示，可作为高等院校计算机相关专业的 Web 程序设计、网络程序设计、Web 数据库应用等课程的教材，也可作为刚接触 Web 应用程序开发的初学者自学使用的参考书。

图书在版编目(CIP)数据

ASP.NET 4.0 Web 网站开发实用教程/于富强，解春燕主编. —北京：北京大学出版社，2012.10
（全国高校应用人才培养规划教材·网络技术系列）
ISBN 978-7-301-21264-6

Ⅰ. ①A… Ⅱ. ①于…②解… Ⅲ. ①网页制作工具－程序设计－高等学校－教材 Ⅳ. ①TP393.092

中国版本图书馆 CIP 数据核字（2012）第 222074 号

书　　　　名：	ASP.NET 4.0 Web 网站开发实用教程
著作责任者：	于富强　解春燕　主编
策 划 编 辑：	吴坤娟
责 任 编 辑：	吴坤娟
标 准 书 号：	ISBN 978-7-301-21264-6/TP·1246
出 版 发 行：	北京大学出版社
地　　　址：	北京市海淀区成府路 205 号　100871
网　　　址：	http://www.pup.cn　电子信箱：zyjy@pup.cn
电　　　话：	邮购部 62752015　发行部 62750672　编辑部 62756923　出版部 62754962
印 刷 者：	三河市博文印刷厂
经 销 者：	新华书店
	787 毫米×1092 毫米　16 开本　16 印张　382 千字
	2012 年 10 月第 1 版　2012 年 10 月第 1 次印刷
定　　　价：	35.00 元

未经许可，不得以任何方式复制或抄袭本书之部分或全部内容。
版权所有，侵权必究
举报电话：(010)62752024　电子信箱：fd@pup.pku.edu.cn

前　言

目前，网络应用已普及到每个人的身边，微博、博客、播客、个人主页、公司主页等不同形式的信息传递方式铺天盖地而来。每个人都想在网络中有自己特色的内容，但一些商业网站提供的模板单一死板，不能满足人们的需要，通过自己学习一些 Web 技术，就可以开发出具有个性的页面。

目前，Web 程序设计一般使用的技术包括 ASP.NET、JSP 和 PHP。ASP.NET 是继 ASP 之后又一个快速开发的工具，实用性强，它由 Microsoft 推出。而今，国内外越来越多的软件公司，开始应用该技术进行 Web 应用程序开发。

那么，学习 ASP.NET 该从哪儿下手，该学习些什么呢？这些问题始终困扰着初学者。本书从初学者角度出发，以多年的教学经验为基础，教授读者如何学习，怎样学习。

本书采用层层递进的方法，以 Visual Studio 2010 和 SQL Server 2008 Express 为开发平台，以技术应用能力培养为主线，主要介绍内容如下。

第 1 章主要介绍了 ASP.NET 的运行环境和 Framework 等基础知识。

第 2 章主要讲解了用于.NET 环境中的编程语言——C#语言的相关知识。

第 3 章介绍了在面向对象语言编程中需要了解的几个内置对象。

第 4 章介绍了 ASP.NET 的标准控件。

第 5 章介绍了 ASP.NET 的验证控件。

第 6 章介绍了网站导航的实现。

第 7 章和第 8 章从网站整体风格统一角度介绍了用户自定义控件、主题和母版的相关知识。

第 9 章是本书的重要章节，主要讲解了网站中数据库的几种使用技术。

第 10 章也是关于数据库的相关介绍，主要深入讲解了当前流行的 LINQ 数据库访问技术。

第 11 章从用户和角色管理角度介绍了 ASP.NET 的安全性。

第 12 章介绍了 Internet 上广泛调用的 Web 服务和 WCF 服务。

第 13 章介绍了能够实现页面局部刷新，提供用户最佳体现的 AJAX 技术。

第 14 章给出了一个图书管理系统综合实例，可以作为一个很好的学习模板。

本书概念清晰，逻辑性强，内容由浅入深、循序渐进，通过具体的示例来熟悉和掌握 ASP.NET 4.0 的重要特性，并通过练习的方式来进一步呈现和演示，适合作为高等院校计算机相关专业的 Web 程序设计、网络程序设计、Web 数据库应用等课程的教材，也适合刚接触 Web 应用程序开发的初学者自学使用。

本书中实例程序的全部源程序代码可到出版社网站下载，是读者学习过程中的好助手。

本书由于富强、解春燕、尹志宇、李晓宁、梁伟编写，在此特别感谢为本书付出辛勤劳动的各位同事、朋友。由于时间仓促和编者水平有限，书中难免有不妥或错误之处，恳请同行专家批评指正，来信请寄 Email：yufuq@163.com。

编　者

2012 年 8 月

目 录

第1章 ASP.NET 4.0 基础 ……………………………………………………… 1
1.1 什么是 ASP.NET ……………………………………………………… 1
1.2 .NET 应用程序框架 …………………………………………………… 3
1.3 Visual Studio 2010 环境 ……………………………………………… 6
1.4 小结 …………………………………………………………………… 9
1.5 课后习题 ……………………………………………………………… 9

第2章 C#语言基础 …………………………………………………………… 10
2.1 C#简介 ………………………………………………………………… 10
2.2 C#程序结构 …………………………………………………………… 10
2.3 C#语言的数据类型 …………………………………………………… 15
2.4 类（class）…………………………………………………………… 24
2.5 流程控制 ……………………………………………………………… 30
2.6 异常处理 ……………………………………………………………… 36
2.7 小结 …………………………………………………………………… 39
2.8 课后习题 ……………………………………………………………… 39

第3章 ASP.NET 内置对象 …………………………………………………… 40
3.1 Response 对象 ………………………………………………………… 40
3.2 Request 对象 ………………………………………………………… 42
3.3 Server 对象 …………………………………………………………… 46
3.4 Cookies 对象 ………………………………………………………… 51
3.5 Session 对象 ………………………………………………………… 53
3.6 Application 对象 ……………………………………………………… 55
3.7 小结 …………………………………………………………………… 57
3.8 课后习题 ……………………………………………………………… 57

第4章 Web 服务器控件 ……………………………………………………… 58
4.1 ASP.NET 页面事件处理 ……………………………………………… 58
4.2 基本控件 ……………………………………………………………… 60
4.3 列表类控件 …………………………………………………………… 73
4.4 表格控件 ……………………………………………………………… 79
4.5 容器控件 ……………………………………………………………… 81
4.6 向导控件 ……………………………………………………………… 85
4.7 其他控件 ……………………………………………………………… 91
4.8 小结 …………………………………………………………………… 95
4.9 课后习题 ……………………………………………………………… 95

第 5 章　服务器验证控件 ·················· 96
5.1　概述 ·················· 96
5.2　控件介绍 ·················· 97
5.3　小结 ·················· 110
5.4　课后习题 ·················· 111

第 6 章　网站导航 ·················· 112
6.1　定义网站地图 ·················· 112
6.2　导航控件 ·················· 114
6.3　小结 ·················· 121
6.4　课后习题 ·················· 121

第 7 章　用户控件 ·················· 122
7.1　概述 ·················· 122
7.2　用户控件的创建 ·················· 123
7.3　用户控件的使用 ·················· 126
7.4　小结 ·················· 129
7.5　课后习题 ·················· 129

第 8 章　主题和母版 ·················· 130
8.1　主题 ·················· 130
8.2　母版 ·················· 137
8.3　小结 ·················· 140
8.4　课后习题 ·················· 140

第 9 章　数据库技术 ·················· 141
9.1　建立 SQL Server Express 数据库 ·················· 141
9.2　基本 SQL 语句 ·················· 143
9.3　数据源控件和数据绑定控件 ·················· 145
9.4　小结 ·················· 162
9.5　课后习题 ·················· 163

第 10 章　LINQ 数据库技术 ·················· 164
10.1　概述 ·················· 164
10.2　LINQ to SQL ·················· 166
10.3　小结 ·················· 178
10.4　课后习题 ·················· 178

第 11 章　用户和角色管理 ·················· 179
11.1　成员资格和角色管理 ·················· 179
11.2　利用网站管理工具实现管理 ·················· 180
11.3　利用登录控件建立安全页 ·················· 185
11.4　小结 ·················· 196

11.5　课后习题 ··· 196

第12章　Web 服务与 WCF 服务 ··· 197
12.1　Web 服务 ··· 197
12.2　WCF 服务 ··· 203
12.3　小结 ··· 208
12.4　课后习题 ··· 208

第13章　AJAX 应用服务 ··· 209
13.1　概述 ··· 209
13.2　实例讲解常用 AJAX 控件 ·· 210
13.3　小结 ··· 230
13.4　课后习题 ··· 230

第14章　图书馆管理系统综合实例 ·· 231
14.1　系统总设计 ··· 231
14.2　图书馆系统数据库设计 ·· 233
14.3　用户控件设计 ··· 236
14.4　前台显示页面设计 ·· 239
14.5　用户修改和找回密码 ·· 240
14.6　管理员管理系统 ··· 242
14.7　小结 ··· 246
14.8　课后习题 ··· 246

参考文献 ·· 247

第1章 ASP.NET 4.0 基础

1.1 什么是 ASP.NET

ASP.NET 是微软推出的 ASP 的下一代 Web 开发技术，顾名思义是基于.NET 平台而存在的。在了解 ASP.NET 之前就需要先了解.NET 技术，了解.NET 平台的相关技术才能够深入地了解 ASP.NET 是如何运作的。

1.1.1 .NET 发展历史

.NET 技术是微软近几年推出的主要技术，是 Microsoft XML Web services 平台。微软为.NET 技术的推出可谓是不遗余力，.NET 技术的发展历程如下所示。

- 2000 年 6 月，微软公司总裁比尔·盖茨在"论坛 2000"的会议上向业内公布.NET 平台并描绘了.NET 的远景。
- 2002 年 1 月，微软发布.NET Framework 1.0 版本，推出了进行.NET Framework 1.0 应用程序开发的软件 Visual Studio.NET 2002。
- 2003 年 4 月，微软发布.NET Framework 1.1 版本，以及针对.NET Framework 1.1 版本的开发工具 Visual Studio 2003，.NET Framework 1.1 版本较之于.NET Framework 1.0 而言有重大的改进。
- 2004 年 6 月，微软在 TechEd Europe 会议上发布.NET Framework 2.0 beta 版本，以及 Visual Studio 2005 的 beta 版本，在 Visual Studio 2005 的 beta 版本中包含了多个精简版，以满足不同开发人员的需要。
- 2005 年 4 月，微软发布 Visual Studio 2005 的 beta 2 版本。
- 2005 年 11 月，微软发布 Visual Studio 2005 的正式版和 SQL Server 2005 的正式版。
- 2006 年 11 月，微软发布.NET Framework 3.0 版本，在其中加入了一些新特性，以及语法特性，这些特性包括 Windows Workflow Foundation、Windows Communication Foundation、Windows CardSpace 和 Windows Presentation Foundation。
- 2007 年 11 月，微软发布.NET Framework 3.5 版本，在其中加入了更多的新特性，包括 LINQ、AJAX 等，为下一代软件开发做出准备。
- 2008 年 11 月，微软向业界发布.NET Framework 4.0 社区测试版，以及 Visual Studio 2010 社区测试版，标志着.NET 4.0 的到来。

在.NET 发展的 11 年时间中，.NET 技术在不断地改进。虽然在 2002 年微软发布了.NET 技术的第一个版本，但是由于系统维护和系统学习的原因，.NET 技术当时并没有广泛地被开发人员和企业所接受。而自从.NET 2.0 版本之后，越来越多的开发人员和企业已经能够接受.NET 技术带来的革新。

随着计算机技术的发展，越来越高的要求和越来越多的需求让开发人员不断地进行新技术的学习，这里包括云计算和云存储等新概念。.NET 平台同样为最新的概念和软件开发理念做出准备，这其中就包括 3.0 中出现并不断完善的 Windows Workflow Foundation、Windows Communication Foundation、Windows CardSpace 和 Windows Presentation Foundation 等应用。

在操作系统 Vista 中，微软集成了.NET 平台，使用.NET 技术进行软件开发能够无缝地将软件部署在操作系统中，在进行软件的升级和维护时，基于.NET 平台的软件也能够快速升级。随着时间的推移，.NET 平台已经逐渐完善，学习.NET 平台以及.NET 技术对开发人员而言能够在未来的计算机应用中起到促进作用。

1.1.2 ASP.NET 与 ASP

开发人员不可避免地会将 ASP.NET 与 ASP 进行比较，因为 ASP.NET 可以算作是 ASP 的下一个版本。但是 ASP.NET 却与 ASP 完全不同，可以说微软重新将 ASP 进行编写和组织才形成了 ASP.NET 技术。

ASP 是 Active Server Page 的缩写，意为"动态服务器页面"，它是运行于 IIS 之中的程序。ASP 的网页文件的格式是.asp，主要使用 JavaScript 或者 VBScript 脚本语言混合 HTML 来编程。脚本语言属于弱类型、非面向对象，这就令脚本语言产生的代码逻辑混乱，难于管理，代码可重用性差，存在弱类型造成潜在的出错可能等多种不足。

ASP.NET 的前身 ASP 技术，虽然同 ASP 都包含"ASP"这个词，但却是不同的编程模型。ASP.NET 和 ASP 的最大区别在于编程思维的转换，而不仅仅在于功能的增强，对于 ASP.NET 而言，ASP 的经验基本上不适用于 ASP.NET 的开发。ASP.NET 是面向对象的开发模型，使用 ASP.NET 能够提高代码的重用性，降低开发和维护的成本。

ASP 与 ASP.NET 的区别如下所示。

1．开发语言不同

ASP 仅局限于使用脚本语言来开发，用户给 Web 页中添加 ASP 代码的方法与客户端脚本中添加代码的方法相同，导致代码杂乱。

ASP.NET 允许用户选择并使用功能完善的编程语言，也允许使用潜力巨大的.NET Framework。

2．运行机制不同

ASP 是解释运行的编程框架，所以执行效率较低。
ASP.NET 是编译性的编程框架，实施编译来提高效率。

3．开发方式不同

ASP 把界面设计和程序设计混在一起，维护和重用困难。
ASP.NET 把界面设计和程序设计以不同的文件分离开，复用性和维护性得到了提高。

4. 开发工具不同

在传统的 ASP 开发中，可以使用 Dreamweaver、FrontPage 等工具进行页面开发，开发时需要安装 IIS。

Visual Studio 开发环境提供给 ASP.NET 开发人员进行高效的开发，开发人员能够在 Visual Studio 开发环境中拖动相应的控件到页面中实现复杂的应用程序编写。Visual Studio 提供了虚拟的服务器环境，用户可以像 C/C++ 应用程序编写一样在开发环境中进行应用程序的编译和运行。

从历史发展的角度而言，不得不说 ASP 已经是过时的技术，但这并不代表 ASP 将不再被使用。现在仍有很多 ASP 应用程序。在小型的应用中，ASP 依旧是低成本的最佳选择。这两种技术环境并不排斥，可以根据应用环境选择使用合适的技术。

1.2 .NET 应用程序框架

无论是 ASP.NET 应用程序还是 ASP.NET 应用程序中所提供的控件，甚至是 ASP.NET 支持的原生 AJAX 应用程序都不能离开.NET 应用程序框架的支持。.NET 应用程序框架作为 ASP.NET 以及其应用程序的基础而存在，若需要使用 ASP.NET 应用程序则必须使用.NET 应用程序框架。

1.2.1 什么是.NET 应用程序框架

.NET 框架是一个多语言组件开发和执行环境，又称.NET Framework。示意图如图 1-1 所示。无论开发人员使用的是 C#作为编程语言还是使用 Visual Basic 作为其开发语言都能够基于.NET 应用程序框架而运行。.NET 应用程序框架主要包括三个部分，这三个部分分别为公共语言运行时、统一的编程类和活动服务器页面。

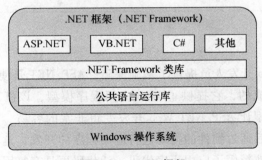

图 1-1 .NET 框架

1. 公共语言运行时

公共语言运行时（Common Language Runtime，简称 CLR）在组件的开发及运行过程中扮演着非常重要的角色。在经历了传统的面向过程开发，开发人员寻找更多的高效的方法进行应用程序开发，这其中的发展成为了面向对象的应用程序开发，在面向对象程序开发的过程中，衍生了组件开发。

在组件运行过程中，CLR 负责管理内存分配、启动或删除线程和进程、实施安全性策略、同时满足当前组件对其他组件的需求。在多层开发和组件开发应用中，CLR 负责管理组件与组件之间的功能的需求。

2．统一的编程类

.NET 框架为开发人员提供了一个统一、面向对象、层次化、可扩展的类库集（API）。现今，C++ 开发人员使用的是 Microsoft 基类库，Java 开发人员使用的是 Windows 基类库，而 Visual Basic 用户使用的又是 Visual Basic API 集，在应用程序开发中，很难将应用程序进行平台的移植，当出现了不同版本的 Windows 时，就会造成移植困难。

> 注意
>
> 虽然 Windows 不同版本的基本类库相同，但是不同版本的 Windows 会有不同的 API，如 Windows 9x 系列和 Windows NT 系列。

而.NET 框架就统一了微软当前的各种不同类型的框架，.NET 应用程序框架是一个系统级的框架，对现有的框架进行了封装，开发人员无须进行复杂的框架学习就能够轻松使用.NET 应用程序框架进行应用程序开发。无论是使用 C#编程语言还是 Visual Basic 编程语言都能够进行应用程序开发，不同的编程语言所调用的框架 API 都是来自.NET 应用程序框架，所以这些应用程序之间就不存在框架差异的问题，在不同版本的 Windows 中也能够方便移植。

> 注意
>
> .NET 框架能够安装到各个版本的 Windows 中，当有多个版本的 Windows 时，只需安装了.NET 框架，任何.NET 应用程序就能够在不同的 Windows 中运行而不需要额外的移植。

3．活动服务器页面

.NET 框架还为 Web 开发人员提供了基础保障，ASP.NET 是使用.NET 应用程序框架提供的编程类库构建而成的，它提供了 Web 应用程序模型，该模型由一组控件和一个基本结构组成，使用该模型让 ASP.NET Web 开发变得非常的容易。开发人员可以将特定的功能封装到控件中，然后通过控件的拖动进行应用程序的开发，这样不仅提高了应用程序开发的简便性，还极大地精简了应用程序代码，让代码更具有复用性。

.NET 应用程序框架不仅能够安装到多个版本的 Windows 中，还能够安装到其他智能设备中，这些设备包括智能手机、GPS 导航以及其他家用电器中。.NET 框架提供了精简版的应用程序框架，使用.NET 应用程序框架能够开发容易移植到手机、导航仪以及家用电器中的应用程序。Visual Studio 还提供了智能电话应用程序开发的控件，实现了多应用、单平台的特点。

开发人员在使用 Visual Studio 2010 和.NET 应用程序框架进行应用程序开发时，会发现无论是在原理上还是在控件的使用上，很多都是相通的，这极大地简化了开发人员的学习过程。无论是 Windows 应用程序、Web 应用程序还是手机应用程序，都能够使用 .NET 框架进行开发。

1.2.2 公共语言运行时

从 1.2.1 节中已知，无论开发人员使用何种编程语言（如 C#或 Visual Basic）都能够使用 .NET 应用程序框架进行应用程序的开发。那么，何种原因使得开发人员使用任何 .NET 应用程序框架支持的语言都能够使用 .NET 应用程序框架并实现相应的应用程序功能呢？这就需要详细地来了解 .NET 中的公共语言运行时。

公共语言运行时为托管代码提供各种服务，如跨语言集成、代码访问安全性、对象生存期管理、调试和分析支持。CLR 和 Java 虚拟机一样也是一个运行时环境，它负责资源管理（内存分配和垃圾收集），并保证应用和底层操作系统之间必要的分离。同时，为了提高 .NET 平台的可靠性，以及为了达到面向事务的电子商务应用所要求的稳定性和安全性级别，CLR 还要负责其他一些任务。

在公共语言运行时中运行的程序被称为托管程序。顾名思义，托管程序就是被公共语言运行时所托管的应用程序，公共语言运行时会监视应用程序的运行。当开发人员进行应用程序开发和运行时，如出现了数组越界等错误都会被公共语言运行时所监控和捕获。

当开发人员进行应用程序的编写时，编写完成的应用程序将会被翻译成一种中间语言，中间语言在公共语言运行时中被监控并被解释成为计算机语言，解释后的计算机语言能够被计算机所理解并执行相应的程序操作。在程序开发中，使用的编程语言如果在 CLR 监控下就被称为托管语言，而语言的执行不需要 CLR 的监控就不是托管语言，被称为非托管语言。托管语言在解释时的效率没有非托管语言迅速，因为托管的语言首先需要被解释成计算机语言，这也造成了性能问题。

虽然如此，但是 CLR 所带来的性能问题越来越不足以成为问题，因为随着计算机硬件的发展，当代计算机已经能够适应和解决托管程序所带来的效率问题。

1.2.3 .NET Framework 类库

.NET Framework 是支持生成和运行下一代应用程序和 XML Web Services 的内部 Windows 组件。.NET Framework 类库包含了 .NET 应用程序开发中所需要的类和方法，开发人员可以使用 .NET Framework 类库提供的类和方法进行应用程序的开发。

.NET Framework 类库中的类和方法将 Windows 底层的 API 进行封装和重新设计，开发人员能够使用 .NET Framework 类库提供的类和方法方便地进行 Windows 应用程序开发，.NET Framework 还意图实现一个通用的编程环境。.NET Framework 想要实现的功能如下所示。

- 提供一个一致的面向对象的编程环境，无论这个代码是在本地执行还是在远程执行。

- 提供一个将软件部署和版本控制冲突最小化的代码执行环境以便于应用程序的部署和升级。
- 提供一个可提高代码执行安全性的代码执行环境，就算软件是来自第三方不可信任的开发商也能够提供可信赖的开发环境。
- 提供一个可消除脚本环境或解释环境的性能问题的代码执行环境，.NET Framework 将应用程序甚至是 Web 应用相关类编译成 DLL 文件。
- 使开发人员的经验在面对类型大不相同的应用程序时保持应用程序和数据的一致性，特别是使用面向服务开发和敏捷开发。
- 提供一个可以确保基于.NET Framework 的代码可与任何其他代码开发、集成、移植的可靠环境。

.NET Framework 类库用于实现基于.NET Framework 的应用程序所需要的功能。例如，实现音乐的播放和多线程开发等技术都可以使用.NET Framework 现有的类库进行开发。.NET Framework 类库相比微软基础类库 MFC 具有较好的命名方法，开发人员能够轻易阅读和使用.NET Framework 类库提供的类和方法。

无论是基于何种平台或设备的应用程序都可以使用.NET Framework 类库提供的类和方法。无论是基于 Windows 的应用程序和基于 Web 的 ASP.NET 应用程序还是移动应用程序，都可以使用现有的.NET Framework 中的类和方法进行开发。在开发过程中，.NET Framework 类库中对不同的设备和平台提供类和方法基本相同，开发人员不需要进行重复学习就能够进行不同设备的应用程序的开发。

1.3 Visual Studio 2010 环境

.NET 框架有一个与之对应的高度集成的开发环境，微软称之为 Visual Studio，也就是可视化工作室。随同.NET 4.0 一起发布的开发工具是 Visual Studio 2010，使用该工具可以很方便地进行各种项目的创建、程序设计、程序调试和跟踪以及项目发布等。

1.3.1 创建项目类型

在 Visual Studio 2010 开发环境中，根据工程实际需要可以选择创建不同类型的项目，在这里简单介绍几种常见的项目类型。

- Windows 窗体应用程序：用于创建具有 Windows 窗体用户界面的应用程序的项目。这里的 Windows 应用程序指 Windows 窗体应用程序，也可以指服务在操作系统底层，看不见运行界面的程序。总体来说，它是运行在 Windows 平台上的程序，用于服务用户的，它定义了窗体的外观属性、行为方法与用户交互事件等。
- 控制台应用程序：用于创建命令行应用程序的项目，有些类似 C 语言的开发。
- ASP.NET Web 应用程序：用于创建具有 Web 用户界面的应用程序的项目，即需要浏览器支持的项目。
- ASP.NET 空 Web 应用程序：用于创建具有 Web 用户界面的应用程序的空项目，里面不会出现任何环境默认文件，区别 ASP.NET Web 应用程序。

目前,Windows 应用程序的开发和 Web 应用程序的开发都有广泛的应用市场,众多的传统应用程序都已经渐渐 Web 化。Web 应用程序在电子政务、电子商务、无纸化办公等领域正在被越来越广泛的应用。近年来,随着 AJAX 技术的兴起,Web 应用和在线体验更是得到广泛的深入,它提供的交互功能使得 Web 程序和 Windows 中操作软件差不多。

1.3.2 创建第一个 ASP.NET Web 网站

题目:在浏览器页面中显示文本"Hello World!"以及系统时间,具体显示结果如图 1-2 所示。

图 1-2 运行结果

程序步骤如下。

(1)打开 Visual Studio 2010,选择"文件"|"新建网站"命令,在打开的"新建网站"对话框的左边选择 Visual C#。此时,右边将出现多个选择项,如图 1-3 所示。需要注意的是,路径可以任意定义。

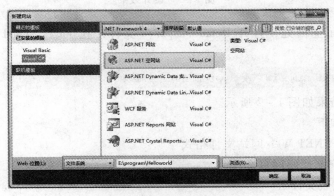

图 1-3 新建网站选项

(2)在界面右边的"解决方案资源管理器"中右击,在弹出的快捷菜单中选择"添加新项"命令,再选择"Web 窗体",默认文件名为 Default.aspx,单击"添加"按钮。这样,在解决方案管理器中就会多出一个名为 Default.aspx 的文件,同时该文件自动处于"源文件"打开状态。

(3)在自动生成的 HTML 代码中填写代码,如图 1-4 所示。

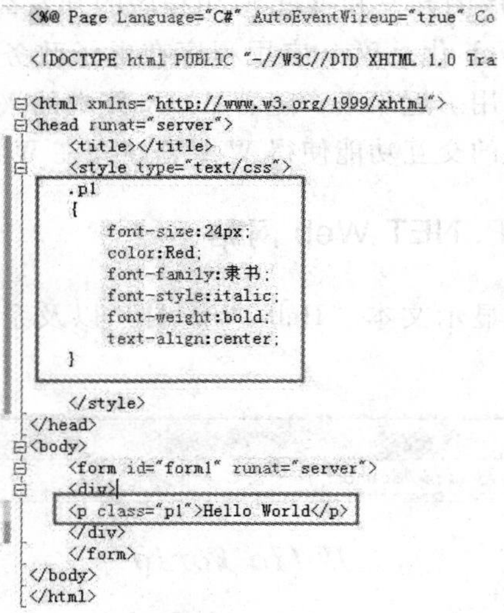

```
<%@ Page Language="C#" AutoEventWireup="true" Co

<!DOCTYPE html PUBLIC "-//W3C//DTD XHTML 1.0 Tra

<html xmlns="http://www.w3.org/1999/xhtml">
<head runat="server">
    <title></title>
    <style type="text/css">
    .p1
    {
        font-size:24px;
        color:Red;
        font-family:隶书;
        font-style:italic;
        font-weight:bold;
        text-align:center;
    }

    </style>
</head>
<body>
    <form id="form1" runat="server">
    <div>
    <p class="p1">Hello World</p>
    </div>
    </form>
</body>
</html>
```

图 1－4　源代码

（4）将视图切换至“设计”，在左边“工具箱”中找到 Label 工具，双击或者拖动到页面 div 中，如图 1－5 所示。

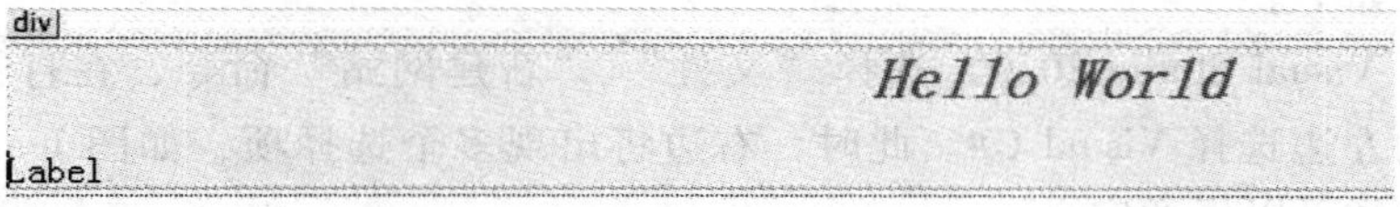

图 1－5　设计效果

（5）双击页面空白处，打开 Default. aspx. cs 文件，在 Page_ Load 事件中填写如下代码。

```
Label1.Text = "The time is " + System.DateTime.Now.ToString();
```

（6）运行，结果如图 1－2 所示。

程序知识点如下。

（1）常见 ASP. NET Web 网站文件格式

- . htm：客户端代码网页文件
- . css：样式表文件
- . js：JavaScript 脚本文件
- . xml：可扩展标记语言文件
- . aspx：Web 应用程序窗体文件
- . cs：Web 应用程序后台事件源代码文件
- . config：配置文件
- . master：母版文件
- . ascx：用户自定义控件文件
- . mdf：SQL 数据库文件
- . dbml：LINQ to SQL 映射文件

- .asmx：Web 服务文件
- .svc：WCF 服务文件
- .xsd：包含 DataSet 类的数据集文件
- .skin：网站外观文件
- .asax：全局变量文件
- .sitemap：站点地图文件

（2）文件 3 种编辑视图
- 源视图：客户端 HTML 代码视图
- 设计视图：页面控件布局设计视图
- 拆分视图：源视图和设计视图并列编辑视图

（3）运行方法
- 调试运行（F5）
- 非调试运行（Ctrl + F5）
- 生成
- 逐语句（F10）
- 逐过程（F11）

1.4 小　　结

本章讲解了 ASP.NET 的基本概念，以及 .NET 框架的基本概念。这些概念在初学 ASP.NET 时会觉得有些困难，在今后的开发中将逐渐清晰。虽然这些基本概念看上去没什么作用，但是在今后的 ASP.NET 应用开发中将起到非常重要的作用。熟练掌握 ASP.NET 基本概念能够提高应用程序的适用性和健壮性。

1.5 课后习题

1. 参考本章简介 ASP 和 ASP.NET 的内容以及其他参考资料，阐述一下两者之间的联系和区别。
2. .NET 应用程序框架包含哪几部分？并阐述它们的优势。
3. ASP.NET Web 网站常见文件格式有哪些？
4. 上机练习本章第一个 ASP.NET Web 网站。

第 2 章　C#语言基础

2.1　C# 简 介

21 世纪初，微软公司推出了新一代的程序开发环境 Visual Studio.NET，同时也推出了该环境下的主要编程语言 C#。程序设计人员利用.NET 平台，配合 C#语言，可以轻松、快速地开发出实用的 Windows 应用软件，也可以利用 ASP.NET 设计出多姿多彩的动态网页。

C#是微软公司设计用来在.NET 平台上开发程序的主要编程语言。它吸收了 C、C++与 Java 各自的优点，是一种新型的面向对象的高级程序语言。C#语言主要涉及类（Class）、对象（Object）、继承（Inheritance）等面向对象的概念，在特点上，与 Java 较为相似。在中间语言的领域里，C#是最具亲和力的一种语言，它拥有着 C 语言与 Java 语言的主要特点，同时拥有功能强大的函数库、方便的模板等，是目前最理想的语言之一。

2.2　C#程序结构

程序一般都有其固定的结构与限制。C#撰写出来的应用程序，都是由一个个类（Class）组成的，连程序也包含在类里。以下是一个用 C#编写的简单的控制台应用程序，它可以形象地说明 C#编写的应用程序的结构特点。

```
using System;
namespace ConsoleApplication1
{
  class Class1
  {
    static void Main(string[] args)
    {
      // TODO：在此处添加代码以启动应用程序
    }
  }
}
```

上面的程序大致地搭出了应用程序的一个框架，虽然不执行什么操作，但是仍然可以正确地编译与运行。

2.2.1 程序入口点

几乎所有程序设计语言都有固定的进入方式及程序组成结构,C#也一样。学习过 C 语言或 C++ 的读者,对下面的程序代码便不会感到陌生,它是一个标准的 C 语言程序进入点。

```
void main()
{
  //程序写在这里
}
```

C#程序与 C 语言类似,也是从 Main() 函数开始执行,只是需要留意,这里 Main 是首字母大写,不能写成小写,并且其前面必须加上关键字 static。例如,第 10 页的范例程序中,程序入口点是:

```
static void Main(string[] args)
    {
        // TODO: 在此处添加代码以启动应用程序
    }
```

注意

在 C#语言里,是区分大小写的,所以 Main() 完全不等同于 main()。

2.2.2 using 的用法

在 C#程序中,不管是简单的数据类型,还是执行其他复杂操作,都必须通过函数库才能实现。.NET 类库(Library)中包含了许多类,如按钮、复选框等。利用类库,便可以开发出具有优美界面的应用程序。.NET 类库中还包含了许多可以实现其他丰富功能的类,如存取网络、数据库操作等,这些类库使 C#编写的程序功能无比强大。

为了方便地运用这些函数库,C#程序中,必须使用 using 关键字将函数库包含进来。如果有 C 或 C++ 语言基础,便可以看出,C#的 using 与 C 或 C++ 中的 #Include 十分相似,都是为了使用已经设计好的程序。

以下程序代码的执行结果是,在 DOS 命令窗口中,按提示键入自己的名字后,显示一条欢迎信息,如图 2-1 所示。如果去掉 using 这一行,则程序编译无法通过。

图 2-1 命令窗口中的执行结果

```
using System;
namespace ConsoleApplication1
{
  class Class1
  {
    static void Main(string[] args)
    {
        Console.WriteLine("Please enter your name:");      //输出提示信息
        Console.ReadLine();                                 //从键盘读入一行字符
        Console.WriteLine("Welcome to the world of C# !");  //显示欢迎信息
    }
  }
}
```

范例中使用了 System 下的一个叫做 Console 的类。利用 Console 类，范例程序在 DOS 命令窗口里输出、读入了字符信息。

第一行程序使用 using 关键字的主要目的是让编译器知道，程序中将要使用定义在 System 中的所有类。程序设计人员在程序中，便可以不必通过完整的类的名称来使用类，如果不使用 using，要实现范例中的功能也是可以的，只是这时候编译器不知道，这时就需要输入完整的类名称。例如，上面的范例程序在去掉 using 关键字的第一行程序后，程序要修改如下：

```
System.Console.WriteLine("Please enter your name:");      //输出提示信息
System.Console.ReadLine();                                 //从键盘读入一行字符
System.Console.WriteLine("Welcome to the world of C# !");  //显示欢迎信息
```

2.2.3 命名空间

C#程序主要是利用命名空间（Namespace）来组织的，函数库就是由一个个的命名空间来组成。每个命名空间都可以视为一个容器，容器里可以存放类、接口、结构等程序。.NET 就是用命名空间来对程序进行分类，把功能相似的类、结构等程序放在同一个命名空间里，便于管理也便于程序设计人员使用。

最常见的命名空间是 System 命名空间，它包含了许多常用的结构类型（如 int、bool）和类（如 Console、Exception）。

引用内置命名空间的方法就是使用 2.2.2 节介绍的 using 关键字：

```
using System;
```

程序设计人员还可以设计自己的命名空间，以供别人或者自己设计程序时使用。定义命名空间，只要在命名空间的名称前加上关键字 namespace 即可，例如：

```
namespace ConsoleApplication1
```

命名空间作为一个容器，其里面的区域需要用一个大括号"{}"来标识，这与类（Class）和方法（Method）的定义一样，例如：

```csharp
namespace MyNamespace
{
  public class HelloWorld
  {
    public void Display()
    {
        System.Console.WriteLine("Hello,World!");
    }
  }
}
```

这个自定义的命名空间 MyNamespace，包含了一个类 HelloWorld。与使用函数库里的命名空间一样，程序设计人员可以使用类 HelloWorld，例如：

```csharp
using MyNamespace;
public class UseClass
{
  static void Main()
  {
    HelloWorld.Display();         //使用 MyNamespace 里的类 HelloWorld
  }
}
```

或者不用 using 关键字，而直接用完整的类名来使用类 HelloWorld，例如：

```csharp
MyNamespace.HelloWorld.Display();         //使用 MyNamespace 里的类 HelloWorld
```

2.2.4 程序区块

C#程序语言与 C/C++ 及 Java 相同，都是以大括号"{}"来区分程序区块的，不论是类（Class）、方法（Method）还是命名空间（Namespace）都一样，必须将里面的内容以大括号来囊括。并且每个程序描述语句都必须以分号";"作为结尾，例如：

```csharp
public class MyClass
{
  public static void Main()
  {
    System.Console.Write("C# here");   //每一句程序语句都要以分号结尾
  }                                    //大括号标出 Main 方法的区块来
}                                      //大括号标出 MyClass 类的区块来
```

2.2.5 程序注释

程序的注释是帮助阅读程序代码的重要辅助工具。良好的程序注释习惯是优秀的程序员所必备的品质之一。代码注释不仅不会浪费时间，相反，它会使程序清晰、友好，从而提高编程效率。

C#的注释方式有三种，前两种与 C++ 一样，每一行中双斜杠 "//" 后面的内容，以及在分割符 "/*" 和 "*/" 之间的内容都将被编译器忽略。第三种注释为///，该种注释称为 XML 注释，主要用于注释类、接口头部，用于列出内容摘要、版本号、作者、完成日期、修改信息等。例如：

```csharp
//源文件 Class1.cs
///内容摘要：本类的内容为……
///完成日期：2011 年 8 月 1 号
///版本：1.0
///作者：小梁

/*  这是我的第一个 C#程序
    主要用来输出提示信息
    从键盘上读取输入的名字后
    再输出欢迎信息
*/

using System;                         //利用 using 关键字，运用 System 命名空间

namespace ConsoleApplication1         //定义自己的命名空间
{
    class Class1                      //命名空间里的第一个类
    {   //程序入口点
        static void Main(string[] args)
        {
            Console.WriteLine("Please enter your name:");       //输出提示信息
            Console.ReadLine();                                 //从键盘读入一行字符
            Console.WriteLine("Welcome to the world of C# !");  //显示欢迎信息
        }
    }
}
```

注释用来说明解释程序，提高代码的可读性。太长的注释则起不到效果，所以注释应以简洁为第一要义，避免拖沓冗长。

2.3 C#语言的数据类型

应用程序总是需要处理，而现实世界中的数据类型多种多样。为了让计算机了解需要处理的是什么样的数据，以及采用哪种方式进行处理，按什么格式来保存数据等问题，每一种高级语言都提供了一组数据类型。不同的语言提供的数据类型不尽相同。

2.3.1 数据类型概述

C#主要有3类数据类型，如下所示。

- 值类型（value type），包含了变量中的值或数据，即使同为值类型的变量也无法相互影响。
- 引用类型（reference type），保留了变量中数据的相关信息，同为引用类型的两个变量，可以指向同一个对象，也可以针对同一个变量产生作用，或者被其他同为引用类型的变量所影响。
- 指针类型（pointer type），在C#里可以为程序代码加上特殊的标记unsafe，在程序里使用指针，并指向正确的内存位置，其中所用的数据类型就是指针类型了。

> **注意**
> Java里并没有指针，C#里却可以使用指针，但是必须为使用指针的程序块加上unsafe程序标记。

2.3.2 值类型

在C#语言的领域里，值类型主要包括以下几种数据类型：

- 简单类型（simple type）
- 结构类型（struct type）
- 枚举类型（enums type）

1. 简单类型（simple type）

简单数据类型见表2-1所示。其具体又可分为以下几类：

- 整数类型
- 布尔类型
- 实数类型
- 字符类型

表2-1 简单类型

数据类型	占用内存	数值范围
sbyte	8 bits	-128～127
byte	8 bits	0～255

续表

数据类型	占用内存	数值范围
short	16 bits	-32 768～32 767
ushort	16 bits	0～65 535
int	32 bits	-21 47 483 648～21 47 483 647
uint	32 bits	0～4 294 967 295
long	64 bits	-9 223 372 036 854 775 808～9 223 372 036 854 775 807
ulong	64 bits	0～18 446 744 073 709 551 615
char	16 bits	u+0000～u+FFFF
float	32 bits	1.5×10^{-45}～3.4×10^{38}
double	64 bits	5.0×10^{-324}～1.7×10^{308}
bool	16bits	True 与 False
decimal	96 bits	1.0×10^{-28}～7.9×10^{28}

（1）整数类型

数学上的整数可以从负无穷到正无穷，但是计算机的存储单元是有限的，所以计算机语言提供的整数类型的值总是一定范围之内的。C#有 8 种整数类型：短字节型（sbyte）、字节型（byte）、短整型（short）、无符号短整型（ushort）、整型（int）、无符号整型（unit）、长整型（long）和无符号长整型（ulong）。划分的根据是该类型的变量在内存中所占的位数，各种类型的数值范围及所占内存空间，可以参照表 2-1。

注意

位数的概念是以二进制来定义的。例如，8 位整数表示的数是 2 的 8 次方，为 256。

当某类型的变量取值大小溢出该类型的数值范围时，计算机的处理方式如下：

```
using System;
public class ValueOut
{
  public static void Main()
  {
    int i = 2147483647;      //定义变量为整型的最大值：2^31 - 1
    Console.WriteLine(i);
    i++;                     //变量数值加1，溢出整型的数值范围
    Console.WriteLine(i);
  }
}
```

程序运行结果为：

2147483647
-2147483648

上面的范例程序表明,当变量超出数据类型的数值范围时,便会出错。

(2) 布尔类型

布尔类型是用来表示"真"和"假"两个概念的,在 C#里用"true"和"false"来表示。值得注意的,在 C 和 C++中,用 0 来表示"假",用其他任何非 0 值来表示"真"。但是这种表达方式在 C#中已经被放弃。在 C#中,true 值不能被其他任何非零值所代替。整数类型与布尔类型之间不再有任何转换,将整数类型转换成布尔型是不合法的,例如:

```
bool WrongTransform = 1;     // 错误的表达式,不能将整型转换成布尔型
```

(3) 实数类型

数学中的实数不仅包括整数,而且包括小数。小数在 C#中主要采用两种类型来表示:单精度(float)和双精度(double)。它们的主要差别在于取值范围和精度不同。程序如果用大量的双精度类型的话,虽然说数据比较精确,但会占用更多的内存,程序的运行速度会比较慢。

- 单精度:取值范围在 $\pm 1.5 \times 10^{-45}$ 到 $\pm 3.4 \times 10^{38}$ 之间,精度为 7 位数。
- 双精度:取值范围在 $\pm 5.0 \times 10^{-324}$ 到 $\pm 1.7 \times 10^{308}$ 之间,精度为 15 到 16 位。

C#还专门定义了一种十进制类型(Decimal),主要用于在金融和货币方面的计算。在现代的企业应用程序中,不可避免要涉及大量的这方面的计算和处理,而十进制类型是一种高精度、128 位的数据类型,它所表示的范围从大约 1.0×10^{-28} 到 7.9×10^{28} 的精度为 28 到 29 位有效数字。十进制类型的取值范围比 double 类型的取值范围小很多,但它更精确。

(4) 字符类型

除了数字外,计算机处理的信息还包括字符。字符主要包括数字字符、英文字符、表达符号等。C#提供的字符类型按照国际上的公认标准,采用 Unicode 字符集。

可以按下面的方法给一个字符变量赋值:

```
char c = 'C';    //给字符变量赋值
```

注意

字符类型的值只能用单引号。

(5) 类型转换

在 C#语言中,一些预定义的数据类型之间存在着预定义的转换。例如,从 short 类型转换到 Int 类型。C#中数据类型的转换可以分为两类:隐式转换和显式转换。

- 隐式转换,就是系统默认的、不需要加以声明就可以进行的转换。在隐式转换过程中,编译器无须对转换详细检查就能够安全地执行,转换过程中也不会导致信息丢失,例如:

```
short st = 23;
int   i = st;    //将短整型隐式转换成整型了
```

- 显式转换,又叫强制类型转换。与隐式转换正好相反,显式转换需要用户明确地指定转换的类型。显式转换可以发生在表达式的计算过程中,它并不是总能成功,而且常常引起信息丢失,例如:

```
using System;
public class TypeConversion
{
    public static void Main()
    {
        float f =10.23f;          //定义一个单精度的实数
        int i = (int)f;           //将单精度强制转换为整型
        Console.WriteLine(f);     //输出单精度数
        Console.WriteLine(i);     //输出整型
    }
}
```

运行结果如下所示：

```
10.23
10
```

从结果中可以看出，强制转换过程中可能会丢失信息。而且必须显式地说明，说明方法为在变量前用括号标出要转换成为的数据类型。

2. 结构类型（struct type）

利用简单数据类型，可以进行一些常用的数据运算与文字处理。但是日常生活中，经常要碰到一些更复杂的数据类型。例如，图书馆里每本书需要书的作者、出版社与书名，如按简单类型来管理，那么每本书需要存放到 3 个不同的变量中，这样工作将变得复杂。

C#程序里，定义了一种数据类型，它将一系列相关的变量组织为一个实体，该类型称之为结构（struct）。定义结构类型的方式如下所示：

```
struct Book
{
    string name;              //结构里，默认为私有(private)成员
    public string author;
    public string publisher;
}
```

结构中，除了包含变量外，还可以有构造函数（constructor）、常数（const）与方法（method）等。下面的范例可以形象地展示结构类型的用法：

```
using System;
public struct Circle
{
    public double r;                          //定义一个成员变量
    public const double pi = 3.1415926;       //定义一个常数
    public Circle(double radius)
    {
```

```
    r = radius;                        //带参数的构造函数
  }
  public double Area()
  {
    return pi* r* r;                   //计算面积的成员方法
  }
  public double Circumstance()
  {
    return 2* pi* r;                   //计算周长的成员方法
  }
}
public class StructShow
{
  public static void Main()
  {
    Circle MyCircle = new Circle(2);   //定义了Circle结构类型的实例对象
    Console.WriteLine("The radius of the circle: "+MyCircle.r);
    Console.WriteLine("The area of the circle: "+MyCircle.Area());
    Console.WriteLine("The circumstance of the circle: "+MyCircle.Circumstance());
  }
}
```

范例程序运行的结果是：

```
The radius of the circle: 2
The area of the circle: 12.5663704
The circumstance of the circle: 12.5663704
```

在 C#语言中，可以像 int、bool 或 double 等简单类型一样，通过定义变量的方法来建立结构类型的实例对象，例如：

```
Circle MyCircle;
```

也可以利用 new 运算符来建立实例，例如范例中的语句：

```
Circle MyCircle = new Circle(2);       //定义了Circle结构类型的实例对象
```

访问结构类型的内部成员的方法如下所示：

```
MyCircle.r = 2;
Concole.WriteLine(MyCircle.Area());
```

3. 枚举类型（enums type）

枚举（enum）实际上是为一组在逻辑上密不可分的整数值提供便于记忆的符号。例如，定义一个代表星期的枚举类型的变量：

```
enum Week
{
    Monday,Tuesday,Wednesday,Thursday,Friday,Saturday,Sunday
};
Week ThisWeek;                          //定义了一个枚举类型的实例变量
```

在形式上，枚举与结构类型非常相似，但是结构是不同的类型数据组成的一个新的数据类型，结构类型的变量值由各个成员的值组合而成。而枚举类型的变量在某一时刻只能取枚举中的某一个元素的值。例如，ThisWeek 是枚举类型"Week"的变量，但是它的值要么是 Monday，要么是 Friday 等，在某个时刻只能代表具体的某一天。

> **注意**
>
> 在枚举中，每个元素之间的相隔符为逗号","。这与结构类型不同，结构类型一般是用分号来分隔各个成员。

按照系统的默认，枚举中的每个元素都是 int 型，且第一个元素的值为 0，它后面的每一个连续的元素的值以 1 递增。或者程序设计人员可以对元素自行赋值。例如，把 Monday 的值设为 1，则其后的元素的值分别为 2，3…

```
enum Week
{
    Monday=1,Tuesday,Wednesday,Thursday,Friday,Saturday,Sunday
};
```

为枚举类型的元素所赋的值类型限于 long、int、short 和 byte 等整数类型。

2.3.3 引用类型

C#语言中的引用类型（reference type）主要包括以下几种类型：
- 类类型（class type）
- 对象类型（object type）
- 数组类型（array type）
- 字符串类型（string type）

1. 类类型

类是面向对象编程的基本单位，是一种包含数据成员、函数成员和嵌套类型的数据结构。类的数据成员有常量、域和事件。函数成员包括方法、属性、索引指示器、运算符、构造函数和析构函数。类和结构同样都包含了自己的成员，有着许多共同特点，但它们最主要的区别便是：类是引用类型，而结构是值类型。

以下范例程序是一个使用类的典型例子：

```csharp
public class ClassType
{
  public string name;              //定义了成员变量
  private string phone;
  public string Phonenumber       //定义属性变量的另一种方法
  {
    get
    {
      return phone;
    }
    set
    {
      phone = value;
    }
  }
  public ClassType()
  {                               //类的构造函数
  }
  public string GetName()
  {
    return name;                  //类的成员方法
  }
  ~ClassType()
  {                               //类的析构函数
  }
}
```

类还支持继承机制。通过继承，派生类可以扩展基类的数据成员和函数方法，进而达到代码重用和设计重用的目的。有关类的概念将在 2.4 节中有详细讲解。

2. 对象类型

对象类型（object type）是所有其他类型的基类，C#中的所有类型都直接或间接从对象类型中继承。因此，对一个对象类型的变量，可以赋予任何类型的值，例如：

```csharp
int x = 1;
object obj1;
obj1 = x;                    //赋予对象类型变量为整型的数值
object obj2 = "B";           //赋予对象类型变量为字符值
```

对象类型的变量声明，采用 object 关键字，这个关键字是在 .NET 框架结构中提供的预定义的命名空间 System 中定义的，是类 System.Object 的别名。

3. 数组类型

数组（array）是一种包含了多个变量的数据类型，这些变量称为数组的元素（element）。同一个数组里的数组元素必须都有着相同的数据类型，并且利用索引（index）可以存取数组元素。

C#定义数组的方式与 C/C++ 或 Java 一样，必须指定数组的数据类型，例如：

```
int[] IntArray;
```

但是，经过定义的数组并不会实际建立数组的实体，必须利用"new"运算符才能真正建立数组，例如：

```
IntArray = new int[4];
```

建立对象时，数组的长度定义必须使用常数，不能使用变量，否则会发生错误，例如：

```
int i = 3;
int[] ArrayTest = new int[3];        //长度定义为常数，正确
int[] ArrayTest2 = new int[i];       //长度定义为变量，错误
```

经过 new 关键字建立的数组，如果没有初始化，则其元素都会使用 C#的默认值，如 int 类型的默认值为 0、bool 类型的默认值为 false 等。如果想自行初始化数组元素，则可以用以下的方式来编写：

```
int[] ArrayTest = new int[3]{8,16,32};   // 初始化数组
```

已经建立的数组可以利用索引来存取数组元素。要注意的是，C#数组的索引值是从"0"开始的，也就是说，上面的含有 3 个元素的 ArrayTest 数组，3 个元素存取方式分别为 ArrayTest[0]、ArrayTest[1]、ArrayTest[2]。

下面的范例大致展示了一维数组的定义、初始化及元素存取等用法：

```
using System;
public class ArrayTest1
{
  public static void Main()
  {
    int[] arr = new int[4];                     //定义数组，并利用 new 建立数组
    for(int i = 0;i < arr.Length;i + +)
       arr[i] = i;                              //对数组的每一个元素进行赋值
    for(int i = 0;i < arr.Length;i + +)         //输出显示每一个元素的值
       Console.WriteLine("arr[" + i + "]'s value is " + i);
  }
}
```

在 C#语言中，除了可以定义一维数组外，还可以定义使用多维数组。定义规则的多

维数时,可以采用如下的方式:

```
int[,] MulArray = new int[3,5];
```

也可以直接初始化多维数组,如下所示:

```
int[,] MulArray = new int[,]{ {1,2,3},{4,5,6}};
```

仔细观察上面的初始方式,可以看出,如果要初始化三维数组,只需要在一个大括号里,放几个二维数组作为三维数组的元素,元素用逗号隔开,如下所示:

```
int[,,] ThreeDim = new int[,,]{ {{1,2,3},{4,5,6}}, {{3,2,1},{6,5,4}} };
```

4. 字符串类型

C#还定义了一个基本的类 string,专门用于对字符串的操作。这个类也是在.NET框架结构的命名空间 System 中定义的,是类 System.String 的别名。

字符串不仅是一种数据类型、一种类别,它还可以视为一个数组,即一个由字符组成的数组。字符串的数组用法如下所示:

```
using System;
public class StringShow
{
    public static void Main()
    {
        string MyString = "Welcome!";
        Console.WriteLine(MyString[0]);    //读取字符串的第一个字符
        Console.WriteLine(MyString[4]);    //读取字符串的第五个字符
    }
}
```

程序中将字符串 MyString 看做一个字符数组,并通过索引来读取数组元素。

注意
字符串的索引方式只能读取,却不允许写入,除非整个字符串都一并修改才行。

利用运算符"+"可以将两个字符串合成一个字符串,例如:

```
string MyString1 = "Welcome";
string MyString2 = ",everyone!";
string MyString3 = MyString1 + MyString2;
Console.WriteLine(MyString3);
```

在 C++ 中,若字符串包含了一些特殊字符,如"\"和""",必须在字符前加上反斜杠"\"。这种方式使字符串变得不容易阅读,例如:

```
"D:\\ Eidy \\ Book\\ HappyEveryday.txt"
```

为了避免字符串变得不易辨识，C#提供了一个专门的运算符"@"，它可以去除字符串中不必要的反斜杠，例如：

```
string MyString = @ "D:\Eidy\Book\HappyEveryday.txt";
```

"@"的优点就是忽略不需要处理的字符串，也就是说，将"@"运算符后，双引号内的字符串视为单纯的字符串，不管有没有包含特殊字符。例如，要输出""Hello""这样一个带双引号的字符串，则程序代码如下：

```
string MyString5 = @ """Hello""";
Console.WriteLine(MyString5);
```

2.4 类（class）

类是面向对象的程序设计的基本构成模块。从定义上讲，类是一种数据结构，但是这种数据结构可能包含数据成员、函数成员以及其他的嵌套类型。其中，数据成员类型主要有常量、域；函数成员类型有方法、属性、构造函数和析构函数等。

2.4.1 类的声明

C#虽然有许多系统自定义好的命名空间及类供程序设计人员使用，但是，设计人员仍然需要针对特定问题的特定逻辑来定义自己的类。

设计人员定义类主要包括定义类头和类体两部分，其中类体由属性与方法组成，下面的程序片断定义了一个典型的类——电话卡。

```
public class PhoneCard
{
    public long CardNumber;                 //定义了公有的成员卡号
    private int password = 10203040;        //定义了私有的成员密码
    double balance;
    bool connected;
    public bool PerformConnection(int pw)
    {                                       //定义的公有方法，开始拨号
        if(pw = = password)
        {
            connected = true;
            return true;
        }
        else
        {
            connected = false;
            return false;
        }
```

第2章 C#语言基础

```
   }
   void PerformDial()
   {                                    //定义的方法,扣除余额
     if(connected)
     balance -=0.5;
   }
}
```

程序范例中定义了一个自定义类 PhoneCard。类头使用关键字 class 标志类定义的开始,后面跟着类名称。类体用一对大括号括起,包括域和方法。

2.4.2 类的成员

类的成员主要有以下类型:
- 常量或变量。
- 方法,执行类中的数据处理和其他操作。
- 属性,用于定义类中的值,并对它们进行读写。
- 构造函数,对类的实例进行初始化。

1. 成员访问控制符

在编写程序时,可以对类的成员使用不同的访问修饰符,从而定义它们的访问级别。
- 公有成员(public)。C#中的公有成员提供了类的外部界面,允许类的使用者从外部进行访问,公有成员的修饰符是"public"。这是对成员访问限制最少的一种方式。
- 私有成员(private)。C#中的私有成员仅限于类中的成员可以访问,从类外部访问私有成员是不合法的。如果在声明中,没有出现成员的访问修饰符,按照默认方式,成员为私有。私有成员的修饰符为"private"。
- 保护成员(protected)。为了方便派生类的访问,又希望成员对于外部隐藏,可以使用"protected"修饰符,声明成员为保护成员。
- 内部成员(internal)。使用"internal"修饰符类的成员是一种特殊成员。这种成员对于同一包中的应用程序或库是透明的。而在包.NET之外是禁止访问的。

下面的例子详细说明了类的成员访问修饰符的用法:

```
using System;
class Book
{
  public int number;                    //定义了公有变量,数量
  protected double price;               //定义了保护变量,价格
  private string publisher;             //定义了私有变量,出版社
  public void func()
  {
    number=5;                           //正确,可以访问自己的公有变量
    price=22.0;                         //正确,可以访问自己的保护变量
```

```
      publisher ="Peking University";        //正确,可以访问自己的私有变量
   }
}
class EnglishBook
{
  public int number;
  private string author;
  public void func()
  {
     author ="AndyLau";                      //正确,可以访问自己的变量
     Book book1 = new Book();                //定义了Book的实例对象
     book1.number = 6;                       //正确,可以访问类的公有变量
     book1.publisher ="Science Publisher";   //错误,不能访问类的私有变量
     book1.price =25.0;                      //错误,不能访问类的保护变量
   }
}
class ComputerBook:Book                      //电脑书籍继承了Book类
{
  public void funct()
  {
  Book b = new Book();
  b.number = 8;                              //正确,可以访问类的公有变量
  b.publisher ="People Publisher";           //错误,不可以访问其私有变量
  price =25.0;                               //正确,可以访问类的保护变量
   }
}
```

2. 属性

C#中的属性充分体现了对象的封装性:不直接操作类的数据内容,而是通过访问器进行访问。它借助于get和set对属性的值进行读写。

在属性的访问声明中,主要有3种方式,如下所示。

- 只有set访问器,表明属性的值只能进行设置而不能读出。
- 只有get访问器,表明属性的值是只读的,不能改写。
- 同时具有set访问器和get访问器,表明属性的值的读写都是允许的。

每个访问器的执行体中,所有属性的get访问器都通过return来读取属性值,set访问器都通过value来设置属性的值。

例如,一个学生的高考分数档案资料中,有学生的考号、姓名、分数、录取学校:考号一经确定后不能再改,所以只能读,不能写;姓名也是只读的;分数与录取学校都是可读写的。该程序设计如下:

```csharp
public class StudentData
{
    private int sno;
    private string name;
    private int grade;
    private string university;
    public int StudentNo
    {
        get
        {
            return sno;              //只读属性
        }
    }
    public string Name
    {
        get
        {
            return name;             //只读属性
        }
    }
    public int Grade
    {
        get
        {
            return grade;            //可读写属性
        }
        set
        {
            grade = value;
        }
    }
    public string University
    {
        get
        {
            return university;       //可读写属性
        }
        set
        {
            university = value;
        }
    }
}
```

读写属性与一般的成员变量一样，例如：

```
StudentData sst = new StudentData();
sst.University = "Peking University";
Console.WriteLine(sst.Name);
```

> **注意**
> 属性在定义的时候，要注意属性的名称后面不能加上括号，否则就变成方法了。

3．构造函数

构造函数是用于执行类的实例的初始化。每个类都有构造函数，即使没有声明它，编译器也会自动提供一个默认的构造函数。在访问一个类的时候，系统将最先执行构造函数中的语句。默认的构造函数一般不执行什么操作，例如：

```
public class Class1
{    public Class1()
    {                         //系统默认的构造函数
    }
}
```

使用构造函数应该注意以下几个问题。
- 一个类的构造函数要与类名相同。
- 构造函数不能声明返回类型。
- 一般构造函数总是 public 类型，才能在实例化时调用。如果是 private 类型的，表明类不能被实例化，这通常用于只含有静态成员的类。
- 在构造函数中，除了对类进行实例化外，一般不能有其他操作。对于构造函数也不能显式地来调用。

构造函数可以是不带参数的，这样对类的实例的初始化是固定的，就像默认的构造函数一样。有时候，在对类进行初始化时，需要传递一定的数据，以便对其中的各种数据进行初始化，这时可以使用带参数的构造函数，实现对类的不同实例的不同初始化。

以下的程序范例形象地展示了构造函数的定义及使用方法：

```
using System;
public class MyClass
{
  public int x;
  public int y;
  public MyClass()                         //不带参数的自定义构造函数
  {
      x = 1; y = 2;
  }
  public MyClass(int val)                  //带有一个参数的构造函数
```

```
    {
        x = val; y = val + 1;
    }
    public MyClass(int val_x,int val_y)        //带有两个参数的构造函数
    {
        x = val_x; y = val_y;
    }
}
public class ClassTest
{
    public static void Main()
    {
        MyClass myClass1 = new MyClass();          //用不带参数的构造函数来实例化
        MyClass myClass2 = new MyClass(3);         //用带一个参数的构造函数来实例化
        MyClass myClass3 = new MyClass(5,6);       //用带有两个参数的构造函数来实例化
        Console.WriteLine("The x and y of myClass1 is:"+myClass1.x +"   "+myClass1.y);
        Console.WriteLine("The x and y of myClass1 is:"+myClass2.x +"   "+myClass2.y);
        Console.WriteLine("The x and y of myClass1 is:"+myClass3.x +"   "+myClass3.y);
    }
}
```

程序运行结果为：

```
The x and y of myClass1 is:1    2
The x and y of myClass1 is:3    4
The x and y of myClass1 is:5    6
```

范例程序中定义了 3 个构造函数，每个函数的入口参数都不一样，在实例化时，可以根据需要选择相应的构造函数。实际上，在实例化时，构造函数的名称还都是一样，只是入口参数不一样而已，这是方法（method）中的重载功能，具体见下面的有关介绍。

4．方法

在面向对象的程序语言设计中，对类的数据成员的操作都封装在类的成员方法中。方法的主要功能便是数据操作。

方法的声明包括修饰符、返回值数据类型、方法名、入口参数和方法体。一般的方法的声明格式如下所示：

```
public int SumOfValue(int x,int y)
{
    return x + y;
}
```

方法中的修饰符是用来指定方法的访问级别和使用方法的，主要的方法修饰符有：

- new

- public
- protected
- internal
- private
- static
- virtual
- sealed
- override
- abstract
- extern

方法的返回值类型必须是合法 C#的数据类型，并且在方法体里，用"return"得到返回值。如果没有返回值，则声明时，用关键字"void"，并且方法体里不使用"return"来返回数值。例如：

```
public string returnString()
{
    ...
        return ...;                    //用 return 返回数值
}
public void NoReturn()
{
    ...                                //没有 return 返回值
}
```

2.5 流程控制

在程序设计过程中，有时为了需要，经常要转移或者改变程序的执行顺序。用以达到这目的的语句叫做流程控制语句。在程序模块中，C#可以通过条件语句控制程序的流程，从而形成程序的分支和循环。主要的流程控制关键字有以下几种。

- 选择控制：if、else、switch、case
- 循环控制：while、do、for、foreach
- 跳转语句：break、continue

2.5.1 选择

在 C#中，要根据条件来做流程选择控制时，可以利用 if 或 switch 这两种命令。这两种命令与 C 语言中的用法一样。

1．if 语句

if 语句是最常用的选择语句，它根据布尔表达式的值来判断是否执行后面的内嵌语句。其格式一般如下：

```
if(布尔表达式)
    {
     //表达式；
    }
else
    {
     //表达式
    }
```

当布尔表达式的值为真时，则执行 if 后面的表达语句；如果为假，则继续执行下面语句，如果还有 else 语句，则执行 else 后面的内嵌语句，否则继续执行下一条语句。下面的例子是根据 x 的符号来决定 y 的数值的范例程序：

```
if(x>=0)
{
  y=1;
}
else
{
  y=-1;
}
```

如果 if 或 else 之后的大括号内的表达语句只有一条执行语句，则嵌套部分的大括号可以省略。如果包含了两条以上的执行语句，则一定要加上大括号。

如果程序的逻辑判断关系比较复杂，则可以采用条件判断嵌套语句。if 语句可以嵌套使用，在判断中，再进行判断。具体形式如下：

```
if(布尔表达式)
{
  if(布尔表达式)
  {...}
  else
  {...}
}
else
{
  if(布尔表达式)
  {...}
  else
  {...}
}
```

> **注意**
>
> 每一条 else 与离它最近且没有其他 else 与之对应的 if 相搭配。

2. switch 语句

if 语句每次判断后，只能实现两条分支，如果要实现多种选择的功能，可以采用 switch 语句。switch 语句根据一个控制表达式的值选择一个内嵌语句分支来执行。它的一般格式为：

```
switch(控制表达式)
{
    case   常量表达式 1：语句 1；
    case   常量表达式 2：语句 2；
    case   常量表达式 n：语句 n；
    default  语句 n+1；
}
```

switch 语句在使用过程中，需要注意下列几点。

- 控制表达式的数据类型可以是 sbyte、byte、short、ushort、int、uint、long、ulong、char、string 或者枚举类型。
- 每个 case 标签中常量表达式必须属于或能隐式转换成控制类型。
- 每个 case 标签中的常量表达式不能相同，否则编译会出错。
- switch 语句中最多只能有一个 default 标签。

举个例子，国内学分是以百分制，国外大学则是四分制。出国的学生在换算分数时，算法是：90 分以上换算为 4 分，80 分到 90 分为 3 分，70 分到 80 分为 2 分，60 分到 70 分为 1 分，60 分以下 0 分计算。这种换算方法如果用 switch 语句来实现，其流程图如图 2-2 所示。

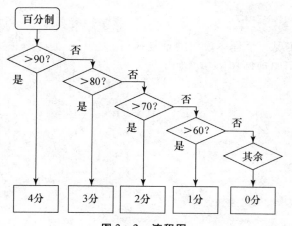

图 2-2　流程图

程序代码如下所示：

```
int x,y;
x = (int)(x/10);              //先算出分数的十位数
switch(x)                     //判断十位数的大小
{
    case 10:y=4;break;        //各个 case 标签表达式值不能相同
    case 9:y=4;break;
    case 8:y=3;break;
    case 7:y=2;break;
    case 6:y=1;break;
    default :y=0;             //有且只有一个 default 语句
}
```

在 C#中使用 switch 语句时，还需要注意，虽然 C/C++ 允许 case 标签后不出现 break 语句，但是 C#却不允许这样。它要求每个标签项后面使用 break 语句，或者跳转语句，而不能从一个 case 自动遍历到其他 case，否则将出现编译错误。

例如，C/C++ 语言中，可能出现如下的程序代码：

```
case 7:y=2;
case 6:y=1;
default :y=0;
```

这样的程序代码在 C#中则是不允许的。在 C#中，如果想实现类似 C/C++ 中的自动遍历的功能，可以用跳转语句 goto 来实现，上面的程序代码可改写为：

```
case 7:y=2;goto case 8;
case 6:y=1;goto default;
default :y=0;
```

2.5.2 循环

循环语句可以实现一个程序模块的重复执行，这对于简化程序，组织算法有着重要的意义。C#总共提供了四种循环语句，如下所示：

- for 语句
- while 语句
- do – while 语句
- foreach 语句

1. for 语句

C#中 for 循环的用法与 C 语言里相同，其中必须给出 3 个参数，作为控制循环的起点、条件和累计方式。一般格式为：

```
for(起点;条件;累计方式)
{
  //for 循环语句
}
```

for 语句还可以嵌套使用,以完成大量重复性、规律性的工作。例如,在数学上,经常要把一列数进行排序,该排序过程就可以用 for 语句的嵌套来实现:

```
int[] a = new int[5]{9,8,5,3,6};
int temp;
for(int i=0;i<a.Length;i++)
{
  for(int j=i+1;j<a.Length;j++)          //从 i 后面的每个元素扫描
  {
    if(a[j]<a[i])                        //如果比 a[i]小,则交换两数值
    {
      temp=a[i];                         //结果是最小的数值都一个个被排到前面来
      a[i]=a[j];
      a[j]=temp;
    }
  }
}
for(int i=0;i<a.Length;i++)              //输出所有的元素
  Console.Write(a[i]);
```

程序的运行结果是:35689,实现了从小到大的排序功能。

2. while 语句与 do – while 语句

while 的使用方式与 for 基本相同,不过 for 循环必须给定起点与终点,而 while 只限定条件,只有满足条件才执行内嵌表达式,否则离开循环,继续执行后面的语句。例如:

```
int x=0;
int[] a = new int[3]{166,173,171};
while(x<a.Length)                        //条件判断
{
  if(a[x]==171)                          //找出 171 的位置并输出
    Console.WriteLine(x);
  x++;                                   //累加条件判断的变量
}
```

do – while 语句与 while 语句不同,它将内嵌语句执行一次,再进行条件判断是否循环执行内嵌语句。将上面的例子用 do – while 来实现的话,程序代码如下所示:

```
int x = 0;
int[] a = new int[3]{166,173,171};
do
{
  if(a[x] = =171)                    //找出171的位置并输出
      Console.WriteLine(x);
  x + +;                             //累加条件判断的变量
}
while(x < a.Length);                 //条件判断
```

3. foreach 语句

foreach 语句可以让设计人员扫描整个数组的元素索引。它不用给予数组的元素个数，便能直接将数组里的所有元素输出。请看下面这个例子：

```
int[] a = new int[5]{23,34,45,56,67};
foreach(int i in a)
{
  Console.WriteLine(i);
}
```

使用 foreach 语句时，并不需要数组里有多少个元素，通过"in 数组名称"的方式，便会将数组里的元素值逐一赋予变量 i，之后再输出。foreach 语句一般在不确定数组的元素个数时使用。

> **注意**
> foreach 循环只适合集合类的对象，如数组、字符串、List 列表类等。

2.5.3 跳跃

程序设计里，为了让程序拥有更大的灵活性，通常都会加上中断或跳转等程序控制。C#语言中可能用来实现跳跃功能的命令主要有以下几种。

- break 语句
- continue 语句
- goto 语句

1. break 语句

在前面介绍 switch 语句的章节里，已经使用过 break 命令。事实上，break 不仅可以使用在 switch 判断语句里，还可以在程序的任何阶段上运用。它的作用是跳出当前的循环，例如：

```
int[ ] a = new int[3]{1,3,5};
for(int i = 1;i < a.Length;i + +)
{
  if(a[i] = = 3)
     break;
  a[i] + +;
}
//当 a[i] = 3 时,跳转到此
```

程序中当满足 a[i]=3 时,运行 break 命令,程序就跳出当前的 for 循环。

2. continue 语句

continue 语句会让程序跳过下面的语句,重新回到循环起点,例如:

```
for(int i = 1;i < 10;i + +)        //跳转至此
{
  if(i% 2 = = 0) continue;
  Console.Write (i);
}
```

如果变量 i 为偶数,则不执行后面的输出表达式,而是直接跳回起点,重新加 1 后继续执行。程序输出结果为:13579。

3. goto 语句

与 C 语言一样,C#也提供了一个 goto 命令,只要给予一个标记,它可以将程序跳转到标记所在的位置,例如:

```
for(int i = 1;i < 10;i + +)
{
  if(i% 2 = = 0) goto OutLabel;
  Console.WriteLine(i);
}
OutLabel:                //跳转至此
  Console.WriteLine("Here,out now!");
```

2.6 异常处理

在编写程序时,不仅要关心程序的正常操作,还要把握现实世界中可能发生的各类难以预期的情况,如数据库无法连接,网络资源不可用等。C#语言中提供了一套安全有效的异常处理方法,用来解决这类现实问题。

在 C#中,所有的异常都是 System.Expection 这个类的派生类实例。C#中获取例外的方式与 Java 一样，都是利用 try、catch 和 throw、throws 这三个关键词来获取、处理或抛出异常的。

2.6.1 异常处理的作用

异常就是可预测但是又没办法消除的一种错误。所以程序员为了在程序当中不发生这样的错误会将容易发生异常的代码用 try catch 进行处理，或者通过 throws 将异常向上抛出，由上一级进行接收并处理。如果发生异常而不去处理，会导致程序中断，也就是程序无法继续运行。

出了异常，系统会出现一堆代码。这些代码肯定是些非专业人员看不懂的代码。通过捕获异常，可使用户能够自行处理异常信息。

自己编写的类，在不确定是不是要报错的情况下，可加一个异常处理，这有助于找出程序中的 BUG。

2.6.2 try–catch 和 throw、thorws 的区别

- throw 是语句抛出一个异常；throws 是方法抛出一个异常。如果一个方法会有异常，但此时并不想处理这个异常，可在方法名后面用 throws，这样这个异常就会抛出，谁调用了这个方法谁就要处理这个异常，或者继续抛出。
- throw 要么和 try–catch 语句配套使用，要么与 if 配套使用。但 throws 可以单独使用，然后再由处理异常的方法捕获，语法为 public void input () throws Exception。
- try–catch 就是用 catch 捕获 try 中的异常，并处理；throw 就不处理异常，直接抛出异常，throw new exception () 是抛出一个 exception，由别的 method 来破获它。也就是说 try–catch 是为破获别人的 exception 用的，而 throw 是自己抛出 exception 让别人去破获的。

2.6.3 常见异常类

算术异常类：ArithmeticExecption
空指针异常类：NullPointerException
类型强制转换异常：ClassCastException
数组负下标异常：NegativeArrayException
数组下标越界异常：ArrayIndexOutOfBoundsException
违背安全原则异常：SecturityException
文件已结束异常：EOFException
文件未找到异常：FileNotFoundException
字符串转换为数字异常：NumberFormatException
操作数据库异常：SQLException
输入输出异常：IOException
方法未找到异常：NoSuchMethodException

2.6.4 实例

实例验证除数为零会产生异常，前台页面控件布置如图 2-3 所示。

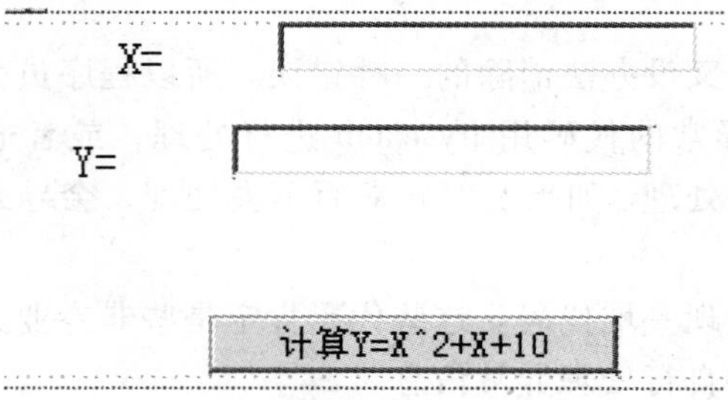

图 2-3 前台设计视图

源代码：

```csharp
protected void Button1_Click(object sender, EventArgs e)
{
    float x = 0f, y = 0f;
    try
    {
        x = Convert.ToSingle(TextBox1.Text);
        y = x * x + x + 10;
        TextBox2.Text = y.ToString();
    }
    catch (FormatException ee)
    {
        //TextBox2.Text = ee.Message;
        TextBox2.Text ="必须是数字";
        return;
    }
    catch (OverflowException ee)
    {
        TextBox2.Text = ee.Message;
        return;
    }
    catch (Exception ee)
    {
        TextBox2.Text = ee.Message;
        return;
    }
}
```

2.7 小　　结

C#是微软推出的专门用于.NET平台的一门新型面向对象语言。它简洁、先进、类型安全，而且在网络编程方面，特别是ASP.NET网络开发方面，有着强大的功能，因此应用十分广泛。

本章主要介绍了C#语言中最基础、也最常用的一些知识，详细讲解了面向对象语言的主要特点。这些内容足以让读者在ASP.NET中任意翱翔，大展拳脚。但是如果没有面向对象编程基础的话，要全面理解本章的内容还是有点难度。不过这不会影响以后的课程学习，随着ASP.NET介绍的慢慢深入，学习更多的例子后，读者自然会对C#得心应手。

2.8 课后习题

1. 说明修饰符 public、private、protected 之间的区别。
2. C#主要有哪几种数据类型？怎样理解类型转换的隐式转换和显式转换？
3. 属性的声明方式具体包括哪三种？
4. 设计一个公司的档案资料，所有人都有工号、姓名、开始工作时间、是否在职四种属性。其中，工号不可更改，姓名和是否在职能读取又能修改，开始工作时间只读。编程实现并进行验证。
5. 编程实现输出如图2-4所示的形状。

图2-4　编程输出形状

6. 能力拓展：第5题中 * 最多的一行为3个，实现通过输入该行 * 号的数量显示菱形图。可以引入异常处理（如输入的不是数字时，抛出异常）。

第 3 章 ASP.NET 内置对象

3.1 Response 对象

3.1.1 概述

在 ASP.NET 中的 HTTP 通信过程中，HttpResponse 对象响应 HTTP 请求。为了编程方便，HttpResponse 对象通过 Response 对象进行公开，实际上，Response 对象是 HttpResponse 类的一个实例。

Response 对象不但可以很好地控制输出的内容和方式，如页面重定向、保存 Cookie 等，而且还可以使用 End( )等方法停止或终止网页的输出。

3.1.2 常用成员

Response 对象常用成员如表 3-1 所示。

表 3-1 Response 对象常用成员简单介绍

属性/方法	说 明
Buffer 属性	逻辑值，true 表示先输出到缓冲区，在处理完整个响应后再将数据输出到客户端浏览器；false 表示直接将信息输出到客户端浏览器
Clear( )	当属性 Buffer 值为 true 时，Response.Clear( )表示清除缓冲区中的数据信息
End( )	终止 ASP.NET 应用程序的执行
Flush( )	立刻输出缓冲区中的网页
Redirect( )	页面重定向，可通过 URL 附加查询字符串在不同网页之间传递数据
Write( )	在页面上输出信息

3.1.3 Response.Write( )示例

下面的示例中，将使用页面的 Response 对象输出字符串"Hello"，然后在下一行输出字符串"World"。

（1）新建一个 Web 窗体，将其命名为 ResponseWrite.aspx，在自动生成的页面加载事件中，输入如下代码。

```
protected void Page_Load(object sender, EventArgs e)
{
    Response.Write("Helllo <br >");
    Response.Write("World");
}
```

（2）按 F5 键启动应用程序，将出现页面 ResponseWrite.aspx，如图 3-1 所示。

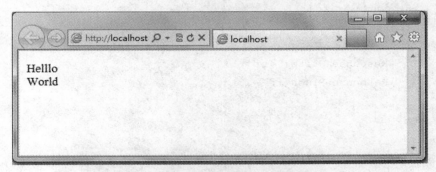

图 3-1　使用 Response 对象向页面输入数据

3.1.4　Response.Redirect( )示例

该示例中，将使用 Response 对象的 Redirect( )方法进行页面跳转。

（1）新建一个 Web 窗体，将其命名为 ResponseRedirect.aspx，并向其中插入一个标准按钮。将按钮的 Text 属性设为"点击此处转到 Google"；然后双击该按钮，转到代码页，输入如下代码。

```
protected void Button1_Click(object sender, EventArgs e)
{
    Response.Redirect("http://www.google.hk/");
}
```

（2）按 F5 键启动应用程序，单击按钮，并查看运行结果。结果如图 3-2 所示。

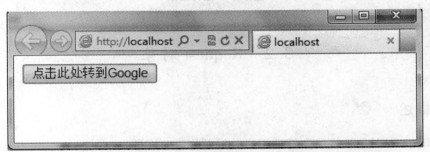

图 3-2　使用 Response.Redirect( )方法进行页面跳转

3.1.5 Flush()、End()和Clear()综合实例

下面代码实现了 for 循环输出数字,综合运用了 Flush()、End()和 Clear()这 3 种方法,该程序运行结果如图 3-3 所示。

```
for(int i=1;i<=100;i++)
    {
        Response.Write(i);
        if(i%10==0)
        {
            Response.Write("<br>");
            Response.Flush();
        }
        else if (i>=50)
        {
            Response.Write("I 值大于 50 停止输出!");
            Response.Clear();
            Response.End();
        }
    }
Response.Write ("程序结束!");
```

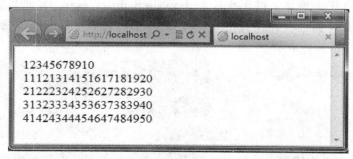

图 3-3 运行结果

3.2 Request 对象

3.2.1 概述

利用 Request 对象来接受和管理用户对页面的请求信息。

具体来说,当用户通过浏览器提交数据时,Web 服务器就会收到其 HTTP 请求。请求信息既包括用户的请求方式(如 POST、GET)、参数名、参数值等,又包括客户端的基本信息(如浏览器类型、版本号、用户所用的语言及编码方式等),这些信息将被整合在一

起,封装在 Request 对象中。通过 Request 对象,便可以访问这些数据。

3.2.2 常用成员

Request 对象的常用成员如表 3-2 所示。

表 3-2 Request 对象常用成员简单介绍

属性/方法	说 明
Cookies	获得客户端的 Cookies 数据
FilePath	获取当前请求的虚拟路径
Form	从表单中读取用户提交的数据
QueryString	从查询字符串中读取用户提交的数据
Browser	获得客户端浏览器信息
ServerVariables	获得服务器端或客户端环境变量信息
ClientCertificate	获得客户端的身份验证信息

Request 对象的功能就是从客户端得到数据。常用的两种取得数据的方法是 Request.Form 和 Request.QueryString,对应 Form 提交时的 POST 和 GET 方法。

说明:GET 方法将提交的数据构造成为 URL 的一部分传递给服务器,如常见的网址 http://www.google.com.hk/search.py?hl=zh-CN 中的 "?hl=zh-CN" 部分就是 GET 方法提交的数据。POST 方法不会像 GET 那样把提交的数据暴露在浏览器的地址栏中。

3.2.3 Request.Form 应用实例

(1)新建一个 htm 页面,命名为 RequestForm.htm,设计页面如图 3-4 所示,可选择 html 控件或 Web 控件(该处采用了简单的 html 控件)。

图 3-4 RequestForm.htm 页面设计

RequestForm.htm 部分源代码:

```
<htmlxmlns ="http://www.w3.org/1999/xhtml">
<head>
    <title></title>
    <scriptlanguage ="javascript"type ="text/javascript">
// <![CDATA[
    function Submit1_onclick() {
    }
```

```
//]]>
    </script>
</head>
<body>
<formid ="form1"method ="post"action ="RequestForm.aspx"">
    <p>姓名：<inputid ="xm"name ="xm"type ="text"/></p>
    <p>年龄：<inputid ="nl"name ="nl"type ="text"/></p>
    <p>职业：<inputid ="zy"name ="zy"type ="text"/></p>
    <p><inputid ="Submit1"type ="submit"value ="Request.Form测试示例"onclick
="return Submit1_onclick()"/></p>
</form></body></html>
```

（2）新建一个 Web 窗体文件，将其命名为 RequestForm.aspx，并在其中按图 3-5 插入 3 个 literal 控件，将其分别命名为 ltlXm、ltlNl、ltlZy。

|body|
[Literal "ltlXm"]，你好！
你的年龄是[Literal "ltlNl"]，
你的职业是：[Literal "ltlZy"]。

图 3-5　RequestForm. aspx 页面设计

（3）进入 RequestForm.aspx.cs 文件，在自动生成的页面加载事件中，输入如下代码。

```
protectedvoidPage_Load(object sender, EventArgs e)
    {
        //姓名
        ltlXm.Text = Request.Form["xm"].ToString();
        //年龄
        ltlNl.Text = Request.Form["nl"].ToString();
        //职业
        ltlZy.Text = Request.Form["Zy"].ToString();
    }
```

（4）转到 RequestForm.htm 页面，按 F5 键启动应用程序，输入数据，如图 3-6 所示。单击按钮并查看运行结果，结果如图 3-7 所示。

图 3-6　RequestForm. htm 页面操作

图 3-7 RequestForm.aspx 页面运行结果

3.2.4 Request.QueryString( )应用实例

如图 3-8 和图 3-9 所示，当单击 QueryString1.aspx 页面上的链接时，页面重定向到 QueryString2.aspx，并在页面上显示 QueryString1.aspx 传递过来的数据信息。

图 3-8 QueryString1.aspx 浏览效果

图 3-9 QueryString2.aspx 运行效果

源程序（QueryString1.aspx 部分源代码）如下：

```
<body>
    <form id="form1" runat="server">
    <div>
        <asp:HyperLink ID="HyperLink1" runat="server"
            NavigateUrl="~/QueryString2.aspx?username=zhangsan&age=22">传递查询字符串到QueryString2.aspx</asp:HyperLink>
    </div>
    </form>
</body>
```

源程序（QueryString2.aspx.cs 部分源代码）如下：

```
protected void Page_Load(object sender, EventArgs e)
{
    //获取从QueryString1.aspx中传递过来的查询字符串值
    lblMsg.Text = Request.QueryString["username"] + ",你的年龄是:" + Request.QueryString["age"];
}
```

3.3 Server 对象

3.3.1 概述

在开发 ASP.NET 应用时，需要对服务器进行必要的设置，如服务器编码方式等；或者获取服务器的某些信息，如服务器计算机名、页面超时时间、获取网页的物理路径等，这可以通过 Server 对象来实现。

3.3.2 常用成员

Server 对象常用属性和方法如表 3-3 所示。

表 3-3 Server 对象常用属性和方法表

属性/方法	说　　明
ScriptTimeOut	获取和设置请求超时(以秒计)
HtmlDecode	对已被编码的字符串进行解码
HtmlEncode	对要在浏览器中显示的 HTML 字符串进行编码
MapPath	返回与 Web 服务器上的指定虚拟路径相对应的物理文件路径
UrlDecode	对字符串进行解码，以便于进行 HTTP 传输，并在 URL 中发送到服务器
UrlEncode	编码字符串，以便通过 URL 从 Web 服务器到客户端进行可靠的 HTTP 传输
Execute	将控制传递给子页面，执行之后将返回到父页面
Transfer	重定向到一个新页面

3.3.3 重定向方法

要实现网页重定向，可以使用的方法有 Response.Redirect()、Server.Execute() 和 Server.Transfer()，但也存在区别。下面将介绍这 3 种方法的区别。

- Redirect() 方法尽管在服务器端执行，但重定向实际发生在客户端，可从浏览器地址栏中看到地址变化；而 Execute() 和 Transfer() 方法的重定向实际发生在服务器端，在浏览器的地址栏中看不到地址变化。
- Redirect() 和 Transfer() 方法执行完新网页后，并不返回原网页；而 Execute() 方法执行完新网页后会返回原网页继续执行。
- Redirect() 方法可重定向到同一网站的不同网页，也可重定向到其他网站的网页；而 Execute() 和 Transfer() 方法只能重定向到同一网站的不同网页。

- 利用 Redirect()方法在不同网页之间传递数据时,采用查询字符串形式;而 Execute()和 Transfer()方法与 Button 按钮的跨网页提交方式相同。

下面通过一个实例来认识它们的区别。

(1)新建一个 Web 窗体,将其命名为 HelloWorld.aspx,并在其中输入"Hello, world!",保存文件。

(2)再新建一个 Web 窗体,将其命名为 Server.aspx,并在其中添加3个按钮控件,分别命名为 btnRedirect、btnExecute 和 btnTransfer,如图3-10所示。

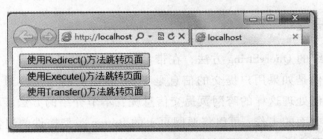

图3-10　Server.aspx 浏览器效果

源代码(Server.aspx 部分代码)如下:

```
protected void btnExecute_Click(object sender, EventArgs e)
{
    Server.Execute("HelloWorld.aspx");
}
protected void btnTransfer_Click(object sender, EventArgs e)
{
    Server.Transfer("HelloWorld.aspx");
}
protected void btnRedirect_Click(object sender, EventArgs e)
{
    Response.Redirect("HelloWorld.aspx");
}
```

运行程序,结果如图3-11、图3-12和图3-13所示。

图3-11　Redirect()方法运行结果

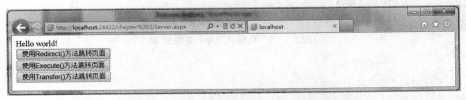

图3-12　Execute()方法执行之后的页面

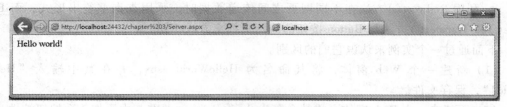

图 3-13 Transfer( )方法执行之后的页面

3.3.4 跨网页提交

在 3.2.4 节介绍的 QueryString 方法，在带参数时可以实现将需要提交的信息传递到另一个页面上出现，但是如果用户提交的信息是 Form 表单上的信息，通过 QueryString 无法提前获取时，该如何处理这样的跨网页提交信息呢？本节介绍的方法步骤如下。

（1）在源网页方面的工作：可以将源网页上的 Button 类型控件的属性 PostBackUrl 设置为目标网页路径实现重定向；也可以采用 3.3.3 节讲过的重定向方法书写程序代码实现重定向。

（2）在目标网页方面的工作：需要在页面头部添加 PreviousPageType 指令，设置 VirtualPath 属性为源页面路径。

（3）从目标网页访问源网页中的数据有两种方法：一是利用 PreviousPage.FindControl()方法访问源网页上的控件；二是先在源网页上定义公共属性，再在目标网页上利用"PreviousPage.属性名"获取源网页中的数据。

注意：在第一步实现重定向时，如果采用的是 Server 的两种方法，即 Server.Execute()或 Server.Transfer()方法时，目标网页也是通过 PreviousPage 访问源网页。那么，如何区分跨网页提交，还是调用了 Server.Execute()或 Server.Transfer()方法呢？这就需要在目标网页的 .cs 文件中判断属性 PreviousPage.IsCrossPagePostBack 的值。如果是跨网页提交，那么属性值为 true，否则，为 false。

下面通过一个实例来说明跨网页提交应用。

如图 3-14 和图 3-15 所示，在 Cross1.aspx 中输入信息后单击"确定"按钮，此时页面提交到 Cross2.aspx 页面，在该页面中显示在 Cross1.aspx 中的输入信息。

图 3-14 Cross1.aspx 浏览效果

第3章 ASP.NET内置对象

图 3-15 显示提交的信息效果

源代码（Cross1.aspx 代码）如下：

```
<%@ Page Language="C#" AutoEventWireup="true" CodeFile="Cross1.aspx.cs" Inherits="chap6_Cross1" %>

<!DOCTYPE html PUBLIC "-//W3C//DTD XHTML 1.0 Transitional//EN" "http://www.w3.org/TR/xhtml1/DTD/xhtml1-transitional.dtd">
<html xmlns="http://www.w3.org/1999/xhtml">
<head runat="server">
    <title>跨网页提交</title>
</head>
<body>
    <form id="form1" runat="server">
    <div style="width: 332px;">
        <asp:Label ID="Label1" runat="server" Text="用户名：" Style="font-size: large"></asp:Label>
        <asp:TextBox ID="txtName" runat="server" Style="font-size: large;"></asp:TextBox>
        <br />
        <asp:Label ID="Label2" runat="server" Text="密码：" Style="font-size: large"></asp:Label>
           
        <asp:TextBox ID="txtPassword" runat="server" Style="font-size: large;" TextMode="Password"></asp:TextBox>
        <br />
        <asp:Button ID="btnSubmit" runat="server" Style="font-size: large; text-align: center"
            Text="确定" PostBackUrl="~/Cross2.aspx" />
    </div>
    </form>
</body>
</html>
```

源代码（Cross1.aspx.cs 代码）如下：

```csharp
using System;
public partial class chap6_Cross1 : System.Web.UI.Page
{
    //公共属性 Name，获取用户名文本框中内容
    public string Name
    {
        get
        {
            return txtName.Text;
        }
    }
}
```

源代码（Cross2.aspx 代码）如下：

```aspx
<%@ Page Language="C#" AutoEventWireup="true" CodeFile="Cross2.aspx.cs" Inherits="chap6_Cross2" %>

<%@ PreviousPageType VirtualPath="Cross1.aspx" %>
<!DOCTYPE html PUBLIC "-//W3C//DTD XHTML 1.0 Transitional//EN" http://www.w3.org/TR/xhtml1/DTD/xhtml1-transitional.dtd">
<html xmlns="http://www.w3.org/1999/xhtml">
<head runat="server">
    <title>跨网页提交</title>
</head>
<body>
    <form id="form1" runat="server">
    <div>
        <asp:Label ID="lblMsg" runat="server" Style="font-size: large"></asp:Label>
    </div>
    </form>
</body>
</html>
```

源代码（Cross2.aspx.cs 代码）如下：

```csharp
protected void Page_Load(object sender, EventArgs e)
{
    //判断是否为跨网页提交
    if (PreviousPage.IsCrossPagePostBack)
```

第3章 ASP.NET内置对象

```
    {
        //通过公共属性获取值
        lblMsg.Text = "用户名:" + PreviousPage.Name + "<br />";
        //先通过FindControl()找到源页中的控件,再利用控件属性获取值
        TextBox txtPassword = (TextBox)PreviousPage.FindControl("txtPassword");
        lblMsg.Text += "密码:" + txtPassword.Text;
    }
}
```

3.4 Cookies 对象

Cookie 实际上是 Web 页面放置在硬盘上的一个文本文件,用来存放如站点、客户、会话等有关的信息,不能作为代码执行,也不会传送病毒,而且大多数经过了加密处理。Cookie 文本文件存储位置根据操作系统的不同而不同。当用户访问不同站点时,各个站点都可能会向用户的浏览器发送一个 Cookie,浏览器会分别存储所有的 Cookie。注意:Cookie 是与网站关联,而不是与特定的网页关联。

3.4.1 Cookie 的创建与获取

Cookie 有两个常用的属性,Value 和 Expires。属性 Value 用于获取或设置 Cookie 值,Expires 用于设置 Cookie 到期时间。每个 Cookie 一般都会有一个有效期限,当用户访问网站时,浏览器会自动删除过期的 Cookie。没有设置有效期的 Cookie 将不会保存到硬盘文件中,而是作为用户会话信息的一部分。当用户关闭浏览器时,Cookie 就会被丢弃。这种类型的 Cookie 很适合用来保存只需短时间存储的信息,或者保存由于安全原因不应写入客户端硬盘文件的信息。

创建方法一:使用 Response.Cookies 数据集合建立 Cookie。

```
Response.Cookies["Name"].Value = "张三";
Response.Cookies["Name"].Expires = DateTime.Now.AddDays(1);
```

创建方法二:也可以先创建 HttpCookie 对象,设置其属性,然后通过 Response.Cookies.Add()方法添加。

```
HttpCookie cookie = new HttpCookie("Name");
cookie.Value = "张三";
cookie.Expires = DateTime.Now.AddDays(1);
Response.Cookies.Add(cookie);
```

获取:使用 Request.Cookies 数据集合获取 Cookie 值。

```
string name = Request.Cookies.["Name"].Value;
```

3.4.2 Cookie 应用实例

本实例主要实现利用 Cookie 确认用户是否已登录，其中 Cookie.aspx 页面只有在用户登录后才能显示。

（1）新建一个 Web 窗体文件 Cookie.aspx，在该页面内放置一个 Label 控件，命名为 lblMsg，Page_Load( )事件代码如下：

```
protected void Page_Load(object sender, EventArgs e)
{
    if (Request.Cookies["Name"] != null)
    {
        lblMsg.Text = Request.Cookies["Name"].Value + ",欢迎您回来!";
    }
    else
    {
        Response.Redirect("CookieLogin.aspx");
    }
}
```

（2）新建一个 Web 窗体文件 CookieLogin.aspx，前台设计如图 3-16 所示。

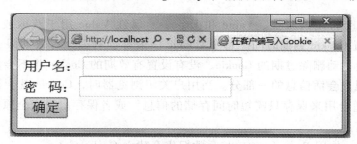

图 3-16　CookieLogin.aspx 浏览器运行效果

源代码（CookieLogin.aspx.cs 部分代码）如下：

```
protected void btnSubmit_Click(object sender, EventArgs e)
{
    if (txtName.Text == "ssg" && txtPassword.Text == "111")
    {
        HttpCookie cookie = new HttpCookie("Name");
        cookie.Value = "ssg";
        cookie.Expires = DateTime.Now.AddDays(1);
        Response.Cookies.Add(cookie);
    }
}
```

测试时先浏览 Cookie.aspx，此时因无用户名 Cookie 信息，页面重定向到 CookieLogin.aspx，输入用户名，单击"确定"按钮，将用户名信息存入 Cookie。关闭浏览器。再次浏览 Cookie.aspx 可看到欢迎信息。

3.5 Session 对象

3.5.1 概述

在 ASP.NET 应用程序中，每一个用户访问服务器时，将和服务器之间建立一个具有唯一标识的会话（Session），又称会话状态。典型的应用有储存用户信息、多网页间信息传递、购物车等。Session 对象为每一个用户单独使用，为用户私有，以用户对网站的最后一次访问开始计时，当计时达到会话设定时间并且期间没有访问操作时，则会话自动结束。如果同一个用户在浏览期间关闭浏览器后再访问同一个网页，服务器会为该用户产生新的 Session，ASP.NET 用一个唯一的 120 位 Session ID 来标识每一个会话。因此，向 Session 对象中添加数据，或从 Session 对象中获取数据时，不需要加锁机制。

3.5.2 Session 属性及事件

Session 常用属性 TimeOut 用来获取或设置会话状态持续时间，单位为分钟，默认时间为 20 分钟。

Session 常用事件为 Session_Start 事件和 Session_End 事件。这两个事件相应的事件代码包含于 Global.asax 文件中。web.config 中 SessionState 元素的 mode 属性共有 Off、InProc、StateServer、SQLServer 和 Custom 共 5 个枚举值供选择，分别代表禁用、进程内、独立的状态服务、SQLServer 和自定义数据存储。其中，只有在 web.config 文件中的 sessionstate 模式设置为 InProc 时，才会引发 Session_End 事件。如果会话模式设置为 StateServer 或 SQLServer，则不会引发该事件。而在实际工程项目中，一般选择 StateServer，此外，大型网站常选用 SQLServer，所以一般 Session_End 事件很少涉及。

3.5.3 Session 的创建和获取

对 Session 的赋值有两种，如：

```
Session["Name"]="张三";
Session.Contents["Name"]="张三";
```

注意：Session 使用的名称不区分大小写，因此不要用大小写区分不同变量。

读取可以直接引用 Session ["Name"]。

3.5.4 Session 对象实例

在 Web 系统中，必须保证用户不能通过直接在浏览器中输入 URL 直接进入，而必须要先登录才能访问到网页，这时就需要在每个网页中进行身份验证。下面的示例使用 Session 来完成这个功能。

（1）新建一个应用程序，包含两个页面 Session1.aspx 和 Session2.aspx，并设置 Session2.aspx 为起始页。在 Session1.aspx 上添加两个文本框和一个按钮，如图 3-17 所示。

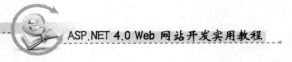

图 3-17　用户登录页面

（2）按钮事件代码如下：

```
protected void btnSubmit_Click(object sender, EventArgs e)
{
    //从页面上获取用户输入
    string strUserName = txtUserName.Text;
    string strPassword = txtPassword.Text;
    /* 验证用户名密码是否正确,此处省略*/
    //设置 Session
    Session["user"] = strUserName;
    Response.Redirect("Session2.aspx");
}
```

代码首先利用 TextBox 控件的 Text 属性获取用户的输入；然后判断用户的输入是否合法，通常需要通过查询数据库中是否存在匹配的记录来判定用户是否合法，此处不予实现。

（3）Session2.aspx 页面的页面加载事件中有如下代码：

```
protected void Page_Load(object sender, EventArgs e)
{
    if (Session.Contents["user"] == null)
        Response.Redirect("Session1.aspx");
    else
        Response.Write(Session["user"].ToString() +",欢迎你进入系统!");
}
```

通过判断 Session 对象中是否含有 "user" 值，来判断访问 Session2.aspx 页面的用户是否是合法用户。如果不是，则将页面跳转到 Session1.aspx；否则，输出一行欢迎文字。

（4）无论从哪一页启动程序，都出现页面 Session1.aspx，随意输入用户名和密码，然后单击 "登录" 按钮，将进入 Session2.aspx，如图 3-18 和图 3-19 所示。

第3章 ASP.NET内置对象

图 3-18 通过 Session1.aspx 正常登录

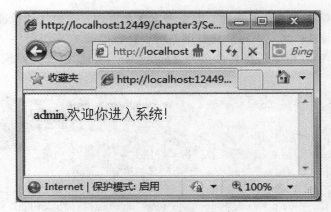

图 3-19 成功进入系统

3.6 Application 对象

3.6.1 概述

用户在使用 ASP.NET 开发 Web 系统时，会在多个页面间浏览，可能需要共享某些数据，如用户登录信息、数据库连接字符串等。浏览器是没有办法存储数据的，因此需要使用某些特殊对象来实现系统的数据共享。总的来说，包括两个对象，即 Application 对象和 Session 对象。Application 对象用来实现程序级别的数据共享，而 Session 对象则用来实现会话级别的共享。

当需要在整个程序的级别共享信息时，可以使用 Application 对象。例如，需要设置一个计数器来统计访问系统的用户；或者在程序开始和结束时记录时间，以计算系统的运行时间，这些都可以使用 Application 对象来实现。

Application 对象的生命周期起始于网站开始运行时，终止于网站关闭。因此，如果需要将状态数据保存下来，则适合保存在数据库中。

3.6.2 常用方法和事件

Application 是面对所有用户的，当要修改 Application 状态值时，首先要调用 Application.Lock() 方法锁定，值修改后再调用 Application.UnLock() 方法解除锁定。例如：

```
Application.Lock();
Application["Count"] = (int)Application["Count"] + 1;
Application.UnLock();
```

与 Application 相关的事件主要有 Application_Start、Application_End、Application_Error 这 3 个事件，与 Session 类似，这些事件代码都存放于 Global.asax 文件中。

3.6.3 Application 实例

该实例实现网站在线人数的统计。需要考虑 3 个方面：初始化计数器；当一个用户访问网站时，计数器增 1；当一个用户离开网站时，计数器减 1。

（1）新建一个 Web 窗体，将其命名为 Application.aspx。进入其对应的 cs 文件，输入以下代码：

```
protected void Page_Load(object sender, EventArgs e)
{
    //如果不存在则创建
    if (Application["counter"] == null)
        Application["counter"] = 0;
    //获取访问次数
    int num = int.Parse(Application["counter"].ToString());
    //锁定
    Application.Lock();
    //访问次数加 1
    Application["counter"] = num + 1;
    //解锁
    Application.UnLock();
    //输出
    Response.Write("访问次数："+Application["counter"].ToString());
}
```

（2）保存文件并运行，效果如图 3-20 所示。

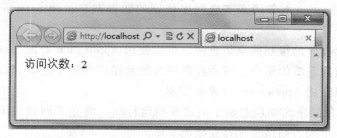

图 3-20 Application 实现的网页计数器

该实例也可在 Global.asax 中设置实现。

源代码（Global.asax 部分代码）如下：

```
void Application_Start(object sender, EventArgs e)
    {
            Application["counter"] = 0;
}
void Session_Start(object sender, EventArgs e)
    {
        Application.Lock();
        Application["counter"] = int.Parse(Application["counter"].ToString())
        + 1;
    Application.UnLock();
}
void Session_End(object sender, EventArgs e)
    {
        Application.Lock();
        Application["counter"] = int.Parse(Application["counter"].ToString())
        - 1;
        Application.UnLock();
}
```

3.7 小 结

本章介绍了 6 个最常用的对象，即：Response 对象、Request 对象、Server 对象、Cookies 对象、Session 对象和 Application 对象。Response 对象用于向浏览器输出信息，Request 对象用于获取用户提交的信息，Server 对象用于获取服务器端的相关信息，Cookies 对象用于在客户端（即浏览器）保存用户信息，Session 对象用于存储用户的非公有信息，而 Application 对象则用于保存所用用户的公有信息。

3.8 课后习题

1. 网页重定向的方法有哪几种？阐述它们的区别。
2. 简述 Cookie 和 Session 的区别与联系。
3. 简单说明 Session 状态和 Application 状态的相同处和不同之处。
4. 创建一个 Login.aspx 和 Content.aspx 页面，要求只有用户登录后才能跳转并浏览内容页。（提示：可以用 Session 方法判断有无 Session 进行页面转跳。）
5. 能力拓展：编写一个简单的聊天室，要求必须显示发言人姓名、发言的内容、发言时间、当前在线人数。（提示：使用 Application 对象、Server 对象。）

第4章 Web 服务器控件

ASP.NET 提供了大量的控件，包括 WinForm 控件和 WebForm 控件（包括 Web 服务器控件和 Html 控件），前者主要用于 WinForm 编程开发，而后者用于 WebForm 编程开发。虽然它们的属性和事件有类似的地方，但是工作机理却是不同的，这主要是因为 WinApp 是状态持续的，进程生命期里，数据一直在内存里；可 WebApp 是基于 HTTP 连接的，无状态非持续的。因此，在事件响应处理和数据传递两个方面存在巨大的区别。这里主要介绍 Web 服务器控件，在传统的 ASP 开发中，让开发人员最为烦恼的是代码的重用性太低，以及事件代码和页面代码不能很好地分开。而在 ASP.NET 中，控件不仅解决了代码重用性的问题，对于初学者而言，控件还简单易用并能够轻松上手，轻松地实现一个交互复杂的 Web 应用功能，并且投入到开发中去。控件的本质是一个类，不同的控件是不同的类对象，每个控件都有一些公共属性，如字体颜色、边框的颜色、样式等。在波浪式的学习过程中，应该用面向对象的思想来学习不同的控件，并且逐渐深入理解不同控件的工作机理，这对接下来的学习是非常有帮助的。下面开始介绍常用的几个 Web 服务器控件。

4.1 ASP.NET 页面事件处理

只有熟悉 ASP.NET 页面事件处理流程，才能理解代码的执行顺序。常用的页面处理事件有 Page_PreInit、Page_Init、Page_Load 和控件事件，见表 4-1 所示。

表 4-1 常用页面处理事件表

事 件	作 用
Page_PreInit	通过 IsPostBack 属性判断是否为第一次处理该页、创建动态控件、动态设置主题属性、读取配置文件属性等
Page_Init	初始化控件属性
Page_Load	读取和更新控件属性
控件事件	处理特定事件，如 Button 控件的 Click 事件

事件使用的一些特点如下。
- 事件处理的先后顺序是 Page_PreInit、Page_Init、Page_Load 和控件事件。平常使用的时候，经常使用的事件是 Page_Load 事件和控件事件。
- Click 事件被触发时会引起页面往返处理。
- Change 事件被触发时，先将事件的信息暂时保存在客户端的缓冲区中，等到下一次向服务器传递信息时，再和其他信息一起发送给服务器。若要让控件的 Change 事件立即得到服务器的响应，就需要将该控件的属性 AutoPostBack 值设为 true。

- 属性 IsPostBack 在用户第一次浏览网页时，会返回值 False，否则返回值 True。
- 当控件的事件被触发时，Page_Load 事件会在控件的事件之前被触发。如果想在执行控件的事件代码时不执行 Page_Load 事件中的代码，可以通过判断属性 Page.IsPostBack 实现。

实例 4-1　IsPostBack 属性应用实例

本实例在页面第一次载入时显示"页面第一次加载！"。当单击按钮时只显示"执行 Click 事件代码！"信息，不再显示"页面第一次加载！"。

（1）新建一个 Web 网站，新建一个页面，将页面命名为 IsPostBack.aspx，在该页面中放置一个 Button 控件。

（2）双击 Button 控件，自动生成 Button1_Click 事件代码区，在该代码区输入下面代码：

```
Response.Write("执行Click事件代码！");
```

（3）同时在 Page_Load 代码区输入下面代码：

```
if (! IsPostBack)
    {
        Response.Write("页面第一次加载！");
    }
```

（4）运行程序，结果如图 4-1 和图 4-2 所示。

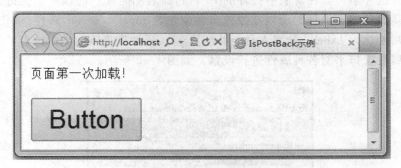

图 4-1　第一次运行结果

图 4-2　单击 Button 后运行效果

4.2 基本控件

4.2.1 文本类控件

在 Web 开发过程中通常需要向用户展示一些信息，或者和用户进行交互，实现信息的输入输出，如新闻内容的展示、搜索引擎的输入框、超链接等。这里主要介绍 Label、TextBox 和 HyperLink 控件。

1. Label 控件

有些文本并不希望用户进行修改，或者当触发事件时，某一段文本能够在运行时根据要求进行更改，这时可以使用 Label 标签控件。

首先拖动一个 Label 到页面上来，在 html 源视图页会自动生成一行对该控件的声明，代码如下所示：

```
<asp:Label ID="Label1" runat="server" Text="Label"></asp:Label>
```

上述代码中，声明了一个标签控件，并将这个标签控件的 ID 属性设置为默认值 Label1，ID 属性用来唯一标识控件。程序开发人员在编程过程中可以利用 ID 属性调用该控件的属性、方法和事件。在对所有控件的 ID 进行命名的时候，应该遵循良好的命名规范。由于该控件是服务器端控件，所以在控件属性中包含 runat="server"属性。该代码还将标签控件的文本初始化为 Label，开发人员能够配置 Text 属性进行不同文本内容的呈现。另外，还可以通过属性窗口来对各种属性进行设置，如图 4-3 所示。

图 4-3 label 控件属性

单击不同的属性，属性栏底部会显示对不同属性的介绍。如果对 HTML 代码比较熟悉，可以直接在源视图进行手工添加和修改。类似地，如果需要根据不同业务在不同的事件和环境下有不同的显示效果，则可以在相应的.cs 页中进行代码控制。

实例 4-2 Label 控件的基本应用实例

```
protected void Page_Load(object sender, EventArgs e)
    {
        lb_title.Text = "Hello World!";
        lb_title.Font.Size = FontUnit.XXLarge;

    }
```

上述代码编写了一个 Page_Load（页面加载事件），当页面加载时，会执行 Page_Load 中的代码。这里通过编程的方法对控件的属性进行更改，当页面加载时，控件的属性会被应用并呈现在浏览器，初始化令 ID 为 Lb_title 的文本属性设置为"Hello World!"，字体的大小设置为"XXLarge"，在浏览器中的运行结果如图 4-4 所示。

图 4-4　运行结果

Label 还有一个很实用的属性 AssociatedControlID，使用它可把 Label 控件与窗体中另一个服务器控件关联起来。

实例 4-3 Label 控件的 AssociatedControlID 属性实例

当按下 ALT + N 键时，将激活用户名右边的文本框；当按下 ALT + P 组合键时，将激活密码右边的文本框，如图 4-5 所示。

图 4-5　Label.aspx 浏览效果

源程序代码如下：

```
<%@ Page Language="C#" AutoEventWireup="true" CodeFile="Label.aspx.cs" Inherits="chap4_Label" %>
<!DOCTYPE html PUBLIC "-//W3C//DTD XHTML 1.0 Transitional//EN"
"http://www.w3.org/TR/xhtml1/DTD/xhtml1-transitional.dtd">
<html xmlns="http://www.w3.org/1999/xhtml">
<head runat="server">
    <title>通过键盘快捷键激活特定文本框</title>
</head>
<body>
    <form id="form1" runat="server">
    <div>
        <asp:Label ID="lblName" runat="server" AccessKey="N" AssociatedControlID="txtName"
            Text="用户名(N)："></asp:Label>
        <asp:TextBox ID="txtName" runat="server"></asp:TextBox>
        <br />
        <asp:Label ID="lblPassword" runat="server" AccessKey="P" AssociatedControlID="txtPassword"
            Text="密码(P)："></asp:Label>
           
        <asp:TextBox ID="txtPassword" runat="server"></asp:TextBox>
    </div>
    </form>
</body>
</html>
```

在 ASP.NET 中，Literal 控件和 Label 控件有相似的功能，具体的区别读者可以自己去学习。如果只是为了显示一般的文本或者 HTML 效果，不推荐使用 Label 控件，因为当服务器控件过多，会导致性能问题，使用静态的 HTML 文本能够让页面解析速度更快。

2. TextBox 控件

默认的 TextBox 文本框控件是一个单行文本框，可以接收用户输入的信息，然后通过后台控制代码的处理，进行数据处理和与用户进行信息交互等任务。通过修改属性和使用扩展控件，可以使简单的 TextBox 控件开发出丰富多彩的功能，下面先介绍它的几个常用属性。

- AutoPostBack：默认为 False，当设置为 True 时，在文本被修改，鼠标焦点移开文本框之后，那么会使页面自动发回到服务器，服务器将执行表单的操作或者执行相应方法后，再呈现给用户。
- TextMode：文本框的模式，SingleLine 为设置单行，MultiLine 为多行，Password 为密

码,即用户输入的数据以"●"显示。这 3 种形式的文本框如图 4-6 所示。
- Columns:文本框的宽度。
- MaxLength:用户输入的最大字符数。当开发者希望用户输入规定限制内的字符数时使用。
- ReadOnly:是否为只读。当设置为 True 时,文本框就不允许用户进行输入数据。
- Rows:作为多行文本框时所显示的行数。
- Wrap:文本框是否换行。

图 4-6 文本框类型效果

文本框无论是在 Web 应用程序开发还是 Windows 应用程序开发中都是非常重要的。在文本框的使用中,通常需要获取用户在文本框中输入的值或者检查文本框属性是否被改写。下面结合 Label 控件和即将要学到的 Button 控件来演示。

页面放置一个标签控件、文本框控件和一个按钮控件,当用户单击按钮控件时,实现标签控件的文本改变为文本框中的内容。双击页面上的 Button 进入 .cs 后台代码页面,进入 Button 控件的 tb_submit_Click 事件,示例代码如下所示。

```
protected void bt_submit_Click(object sender, EventArgs e)
    {
        lb_title.Text = tb_title.Text;   //将 tb_title 的文本值赋给 lb_title
    }
```

上述代码中,当双击按钮时,就会触发一个按钮事件,这个事件就是将文本框内的值赋值到标签内,运行结果如图 4-7 所示。

图4-7 运行结果

同样，双击文本框控件会触发 TextChange 事件，它表示当文本框控件中的字符变化后会发生的事件。但是要注意的是，在默认情况下，文本框的 AutoPostBack 属性被设置为 false。当 AutoPostBack 属性被设置为 true 时，文本框的属性变化，则会发生回传，TextChange 事件中的代码才会执行。示例代码如下所示。

```
protected void tb_title_TextChanged(object sender, EventArgs e)//TextChange 事件
    {
        lb_title.Text = tb_title.Text; //赋值操作
    }
```

上述代码当用户将文本框中的焦点移出导致 TextBox 失去焦点时，即会被执行。

另外，还可以限制文本框只允许输入数字或字母，结合验证控件和正则表达式，可以对文本框的输入内容进行严格控制。同样通过结合第三方 Ajax 控件和 JavaScript 技术，可以实现文本框自动提示效果、自动补全效果等一系列复杂的动作。开发人员根据项目需要，可以自己学习实现。

3. HyperLink 控件

HyperLink 叫做超链接控件，相当于实现了 HTML 代码中的"＜a href=""＞＜/a＞"效果。

超链接控件通常使用的属性如下所示。
- ImageUrl：显示图像的 URL，即图像的位置。
- NavigateUrl：要跳转页面的 URL。
- Text：要显示的超链接文字，当设置了 ImageUrl 之后，Text 就不再显示。

拖动一个 HyperLink 控件到页面上，在属性栏中修改 ID 为 hl_index，然后单击 ImageUrl 属性后面的小按钮，弹出对话框如图 4-8 所示。

第4章　Web服务器控件

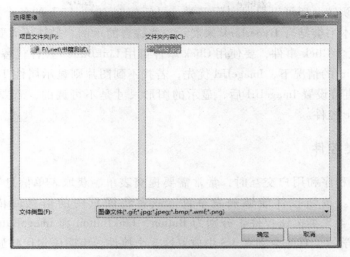

图4-8　选择图像对话框

选择本地图片文件 hello.jpg，接着设置 NavigateUrl 属性值为 "http://msdn.microsoft.com"，注意一定要加 http://，否则会在当前页面的本地路径下寻找。示例代码如下：

```
<asp:HyperLink ID="hl_index" runat="server" ImageUrl="~/image/hello.jpg"
    NavigateUrl="http://msdn.microsoft.com">HyperLink</asp:HyperLink>
```

上述代码将文本形式显示的超链接变为了图片形式的超链接，虽然表现形式不同，但是不管是图片形式还是文本形式，全都实现相同的效果。Navigate 属性可以为文本或者图片设置超链接。在浏览器中的效果如图4-9所示。

图4-9　运行效果

从浏览器中可以看出，当鼠标移动到 HyperLink 控件上时，底部状态栏显示出了相应的超链接地址。当在浏览器中单击该控件时，就会跳转到 msdn.microsoft.com 网站页面。

除了上述的静态跳转，还可以根据实际需要，灵活控制 HyperLink 的各个属性，以实现动态跳转。后面，本书会结合 HyperLink 来展示一些综合的示例。另外还需要介绍的是，HyperLink 控件不包含 Click 事件，要使用 Click 事件可用 LinkButton 控件代替；在同时设置属性 Text 和 ImageUrl 的情况下，ImageUrl 优先，若找不到图片则显示属性 Text 设置的内容；在 HyperLink 中直接设置 ImageUrl 后，显示的图形尺寸是不可调的，若要改变图形尺寸，可配合使用 Image 控件。

4.2.2 按钮类控件

在 Web 应用程序和用户交互时，常常需要提交表单、获取表单信息等操作，按钮控件是非常必要的。按钮控件能够触发事件，或者将网页中的信息回传给服务器。在 ASP.NET 中，包含 3 类按钮控件，分别为 Button、LinkButton 和 ImageButton。下面将这 3 种控件进行类比学习。首先分别在 VS 中放置这 3 个控件，声明语句代码如下：

```
<asp:Button ID="tb_submit" runat="server" Text="提交" />
    <br />
    <br />
<asp:ImageButton ID="ib_submit" runat="server" ImageUrl="~/image/hello.gif"
    onclick="ImageButton1_Click" />
    <br />
    <br />
<asp:LinkButton ID="lb_submit" runat="server">MSDN 中文</asp:LinkButton>
```

对于 3 种按钮，它们起到的作用基本相同，只是表现形式各有不同，设计视图效果如图 4-10 所示。

图 4-10　3 种按钮设计效果

示例代码如下所示：

```
    protected void tb_submit_Click(object sender, EventArgs e) //Button 控件的
Click 事件
    {
        hl_redirect.Text = "这是 HyperLink 控件：CSDN 中文";    //Text 属性赋值
        hl_redirect.NavigateUrl = "http://www.csdn.net";   //NavigateUrl 属性赋值
    }
    protected void ImageButton1_Click(object sender, ImageClickEventArgs e)
    {
        hl_redirect.Text = "这是 HyperLink 控件：博客园";
        hl_redirect.NavigateUrl = "http://www.cnblogs.com";
    }
    protected void lb_submit_Click(object sender, EventArgs e)
    {
        hl_redirect.Text = "这是 LinkButton 控件：MSDN 中文";
        hl_redirect.NavigateUrl = "http://msdn.microsoft.com";
    }
```

上述代码分别生成了 3 个控件的 Click 事件，在事件中分别对 ID 为 hl_ redirect 的 HyperLink 控件的 Text 和 NavigateUrl 进行了动态修改，运行结果如图 4－11 所示。

图 4－11　3 种按钮运行结果

由图 4－11 可以看出，单击了第一个 Button 控件后，HyperLink 控件的属性也随之修改。

按钮控件中，Click 事件并不能传递参数，所以处理的事件相对简单。而 Command 事件可以传递参数，负责传递参数的是按钮控件的 CommandArgument 和 CommandName 属性，如图 4－12 所示。

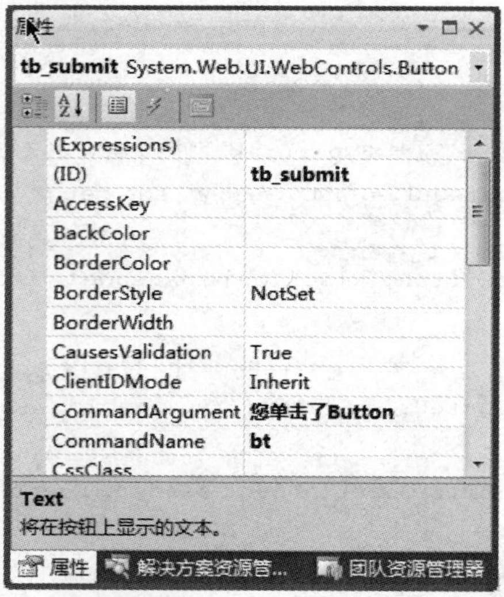

图 4-12　Command 事件所需属性

图 4-12 设置 Button 控件的 CommandArgument 属性为"您单击了 Button"，CommandName 属性为"bt"，然后单击事件按钮，在 Command 一栏中填入 Button_ Command。设置 ImageButton 控件的 CommandArgument 属性为"您单击了 ImageButton"，CommandName 属性为"ib"，LinkButton 控件的 CommandArgument 属性为"您单击了 LinkButton"，CommandName 属性为"lb"。.cs 页面代码如下：

```
    protected void lb_submit_Command(object sender, CommandEventArgs e)//Command事件
    {
        if (e.CommandName == "bt")   //取得触发事件时所传递的CommandName值进行比较
            lb_title.Text = e.CommandArgument.ToString(); //赋值操作
        if (e.CommandName == "ib")
            lb_title.Text = e.CommandArgument.ToString();
        if (e.CommandName == "lb")
            lb_title.Text = e.CommandArgument.ToString();
    }
```

读者可以自己执行查看效果，会发现相比 Click 单击事件而言，Command 命令事件具有更高的可控性。通过判断 CommandArgument 和 CommandName 属性来执行相应的方法。这样一个按钮控件就能够实现不同的方法，使得多个按钮与一个处理代码关联或者一个按钮根据不同的值进行不同的处理和响应。

在此说明 LinkButton 和 HyperLink 控件的区别，首先是实现机制的不同。用户单击控件时，HyperLink 控件立即转向目标，表单不需回发到服务器端，而 LinkButton 需将表单发回给服务器，在服务器端处理页面跳转功能，这也是按钮控件的共同点。实现页面跳转的方法不同，HyperLink 只需设置 NavigateUrl 就可以实现页面跳转，LinkButton 控件实现页面跳转是在 Click 事件中使用 Response.Redirect 等方法实现的。开发人员应该根据实际需求进行选择。

4.2.3 图像类控件

1. Image 图像控件

Image 控件用来显示 Web 页面中的图像,常用的属性如下。
- ImageAlign:获取或设置 Image 控件相对于网页上其他元素的对齐方式。
- ImageUrl:获取或设置 Image 控件中显示的图像的源位置。
- ToolTip:浏览器显式在工具提示中的文本。
- AlternateText:在图像无法显示时显示的备用文本。

其他属性(如宽度、高度、是否可显示、是否可用以及各种样式)的设置和选择如以下代码所示。它声明了一个图像控件:

```
<asp:Image ID ="Image1" runat ="server" Height ="198px" ImageUrl ="~/image/hello.gif"
AlternateText ="图像不存在" Width ="209px" />
```

上述代码就是一个设置了宽度和高度的图像控件,并且图像的源为相对路径下的 hello.gif 文件。当图片无法显示的时候,图片将被替换成 AlternateText 属性中的文字。在实际浏览器中,该图像控件就被解释成 <img src ="" alt ="">。当然也可以直接在源视图下手动用 <img> 代替图像控件。

注意:当双击图像控件时,系统并没有生成事件所需要的代码段,这说明 Image 控件不支持任何事件,如需要实现代码,可以替换使用 ImageButton 控件。

实例 4-4 Image 控件应用实例

该实例利用 Image 控件实现不同图片的更换,并实现改变图片大小的功能。

新建一个 Web 页面,在该页面中放置一个 Image 控件、一个文本框控件和两个按钮,如图 4-13 所示,注意 Image1 控件的 Width 和 Height 属性值不能为空,更改比例按钮 ID 名为 BL,更改图片按钮 ID 名为 TP,将所需图片素材放于单独文件夹 images 中。

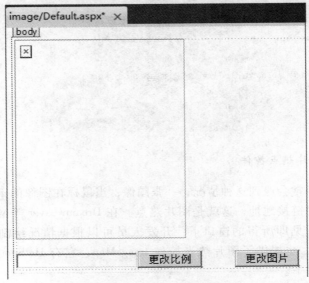

图 4-13 前台设计

源代码如下：

```csharp
using System;
using System.Web.UI.WebControls;

public partial class _Default : System.Web.UI.Page
{
    protected void Page_Load(object sender, EventArgs e)
    {
        if(! IsPostBack)
        {
            Image1.ImageUrl = = "~/images/1.jpg";
        }
    }

    protected void BL_Click(object sender, EventArgs e)
    {
        if (TextBox1.Text ! = "")
        {
            Double w = Image1.Width.Value;
            Double h = Image1.Height.Value;
            Double s = Convert.ToDouble(TextBox1.Text);
            Image1.Width = new Unit(w * s);
            Image1.Height = new Unit(h * s);
        }
    }

    protected void TP_Click(object sender, EventArgs e)
    {
        if (Image1.ImageUrl = = "~/images/1.jpg")
            Image1.ImageUrl = "~/images/2.jpg";
        else
            Image1.ImageUrl = "~/images/1.jpg";
    }
}
```

2. ImageMap 图片热点控件

在实际网页中经常会遇到这种情况，一张图像，当鼠标在图像的不同区域进行移动的时候，会出现不同的链接地址，这就是图片热点。在 Dreamweaver 等网页设计工具中，提供了绘制工具，在所见即所得的窗口下，开发人员可以根据情况绘制热点区域，十分方便。在 ASP.NET 中，也提供了图片热点控件 ImageMap，它有 HotSpotMode 和 HotSpots 两个重要属性，具体如下。

（1）HotSpotMode（热点模式）常用选项
- NotSet：未设置项。其实在实际应用中，默认情况下会执行定向操作，定向到指定的 URL 位置去。如果未指定 URL 位置，那么默认将定向到自己的 Web 应用程序根目录。
- Navigate：定向操作项。定向到指定的 URL 位置去。如果未指定 URL 位置，那么默认将定向到自己的 Web 应用程序根目录。
- PostBack：回发操作项。当该项设置为 True 时，单击热点区域后，将执行后台的 Click 事件。
- Inactive：无任何操作，即此时形同一张没有热点区域的普通图片。

（2）HotSpots（图片热点）常用属性

该属性对应着 System.Web.UI.WebControls.HotSpot 对象集合。HotSpot 类是一个抽象类，它之下有 CircleHotSpot（圆形热区）、RectangleHotSpot（方形热区）和 PolygonHotSpot（多边形热区）3 个子类。实际应用中，都可以使用上面 3 种类型来定制图片的热点区域。ImageMap 最常用的事件有 Click，通常在 HotSpotMode 为 PostBack 时用到。

实例 4 - 5　ImageMap 控件应用实例

在新建页面中放置 ImageMap 控件，设置 HotSpots 属性时，可以进行可视化设置，如图 4 - 14 所示。

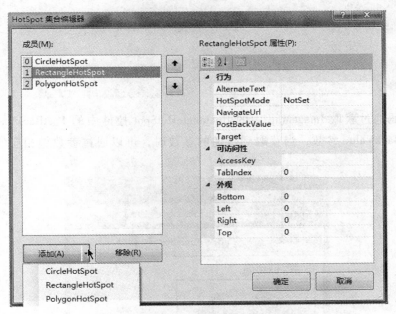

图 4 - 14　热区设置属性

可视化设置结束之后，系统会自动生成 Html 代码，示例代码如下：

```
< asp:ImageMap ID ="ImageMap1" runat ="server" Height ="160px"  ImageUrl ="
~/image/hello.gif" onclick ="ImageMap1_Click" Width ="160px">
    < asp:RectangleHotSpot HotSpotMode ="PostBack" PostBackValue ="0" Left ="0"
Top ="0" Right ="80" Bottom ="80"  />
```

```
    <asp:RectangleHotSpot HotSpotMode ="PostBack" PostBackValue ="1"Left ="80"
Top ="0" Right ="160" Bottom ="80" />
    <asp:RectangleHotSpot HotSpotMode ="PostBack" PostBackValue ="2" Left ="0"
Top ="80" Right ="80" Bottom ="160"/ >
    <asp:RectangleHotSpot HotSpotMode ="PostBack" PostBackValue ="3" Left ="80"
Top ="80" Right ="160" Bottom ="160"/ >
    </asp:ImageMap >
```

双击该控件，在.cs 页面添加了一个 Click 事件，处理流程如下：

```
protected void ImageMap1_Click(object sender, ImageMapEventArgs e) //单击事件
    {
        switch(e.PostBackValue)    //判断触发该事件时所传递的 PostBackValue 值
        {
            case "0":              //当 PostBackValue 值为"0"时
                lb_title.Text = "点击 0 号位置";break;   //赋值操作
            case "1":
                lb_title.Text = "点击 1 号位置";break;
            case "2":
                lb_title.Text = "点击 2 号位置";break;
            case "3":
                lb_title.Text = "点击 3 号位置";break;
        }
    }
```

上述代码通过获取 ImageMap 中的 RectangleHotSpot 控件中的 PostBackValue 值来获取传递的 PostBackValue 参数，当获取到传递的参数时，可以通过参数做相应的操作，如图4－15 所示。

图 4－15 运行效果

4.3 列表类控件

在 Web 开发中，经常使用列表控件来为用户提供有限项的数据选择，防止用户输入不存在的数据。这样一方面限制了用户随意的输入数据，如地名、性别等，另一方面也简化了用户的输入，避免了经常性的键入。下面介绍 4 种列表控件。

4.3.1 DropDownList

DropDownList 下拉列表控件是最常用的控件之一，允许用户从预定义的下拉列表中选择一项。如注册会员时的性别选择——男或女。DropDownList 下拉列表控件可以为用户提供多个固定的选项，避免用户输入其他错误的选项。例如，输入性别时只有男或女，系统认为输入其他数据就是错误的。

添加项到 DropDownList 中的方法有 3 种。

（1）利用属性表中的 Items 属性进行设置，在 Items 属性中可以添加多个 ListItem 项，每个 ListItem 项有 4 个属性，如下所示。

- Enable：是否可用。
- Selected：是否选中。选择 True 时，运行时默认被选中。
- Text：要显示的文本。
- Value：该项的值。

在该编辑器中设置 Text 和 Value 属性即可，如图 4-16 所示。

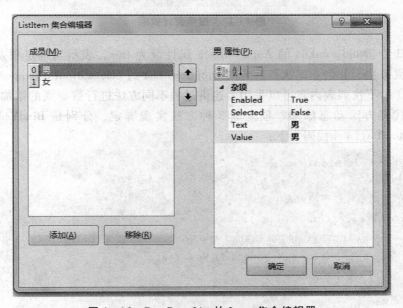

图 4-16 DropDownList 的 Items 集合编辑器

（2）根据代码动态生成，利用 DropDownList 对象的 Items.Add( ) 方法添加项，如：

```
DropDownList1.Items.Add(new ListItem("浙江","Zhejiang"));
```

对应还可以利用 Items.Remove( )和 Items.Clear( )方法对 Items 对象进行删除和清空。

（3）通过属性 DataSource 设置数据源，再通过 DataBind( )方法显示数据。该方法在第 9 章讲解数据库绑定时会涉及。

生成的 Html 源代码为：

```
<form id="form1" runat="server">
<asp:DropDownList ID="DropDownList1" runat="server">
    <asp:ListItem>男</asp:ListItem>
    <asp:ListItem>女</asp:ListItem>
</asp:DropDownList>
</form>
```

实例 4－6　利用 DropDownList 控件实现二级联动

本实例以日期联动为例。在默认情况下，显示系统日期，当改变年或月时，相应的每月天数会随之而变。年份取最近十年的数据，月份数据保持为 12 个月的数据，日期会根据年月选择的不同显示不同的天数。例如，2 月份会因为闰年或平年的不同而出现 28 天或 29 天的不同表现。

（1）新建 Web 页面，命名为 DropDownList.aspx，在设计页面添加 3 个 DropDownList 控件，名称分别为 ddlYear, ddlMonth 和 ddlDay，用来表示年、月和日，设计如图 4－17 所示。

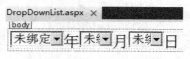

图 4－17　控件设计效果

（2）将 3 个 DropDownList 的 AutoPostBack 属性设为 true，表示当选定项发生改变时，自动回发到服务器，并会立即执行后台的 DropDownList 的 SelectedIndexChanged 事件。

（3）这 3 个下拉列表内容可以采用上述讲过的不同方法进行数据项的添加，在这里第二种方法即代码方法动态添加，独立成 3 种方法实现绑定，分别是 BindYear( )、BindMonth( )和 BindDay( )，代码如下：

```
protected void BindYear()
{
    //清空年份下拉列表中项
    ddlYear.Items.Clear();
    int startYear = DateTime.Now.Year - 10;
    int currentYear = DateTime.Now.Year;
    //向年份下拉列表添加项
    for (int i = startYear; i <= currentYear; i++)
    {
        ddlYear.Items.Add(new ListItem(i.ToString()));
    }
}
```

```csharp
    //设置年份下拉列表默认项
    ddlYear.SelectedValue = currentYear.ToString();
}

protected void BindMonth()
{
    ddlMonth.Items.Clear();
    //向月份下拉列表添加项
    for (int i = 1; i <= 12; i++)
    {
        ddlMonth.Items.Add(i.ToString());
    }
}

protected void BindDay()
{
    ddlDay.Items.Clear();
    //获取年份下拉列表选中值
    string year = ddlYear.SelectedValue;
    string month = ddlMonth.SelectedValue;
    //获取相应年月对应的天数
    int days = DateTime.DaysInMonth(int.Parse(year), int.Parse(month));
    //向日期下拉列表添加项
    for (int i = 1; i <= days; i++)
    {
        ddlDay.Items.Add(i.ToString());
    }
}
```

（4）最后将这些方法在需要的事件中进行调用，代码如下：

```csharp
protected void Page_Load(object sender, EventArgs e)
{
    //页面第一次载入，向各下拉列表填充值
    if (!IsPostBack)
    {
        BindYear();
        BindMonth();
        BindDay();
    }
}

protected void ddlYear_SelectedIndexChanged(object sender, EventArgs e)
```

```
        {
            BindDay();
        }
        protected void ddlMonth_SelectedIndexChanged(object sender, EventArgs e)
        {
            BindDay();
        }
```

在实际项目开发中，还会经常使用 DropDownList 控件实现二级级联操作，甚至多级级联。由于级联操作需要加载的数据会很多而且还会变化，通常不会直接把所有数据都手动赋值或者在后台一个一个加载，而是调用数据库中已经写好的数据，或者利用第三方提供的资源（如 Web 服务），这样会大大减少后台的代码量，资源利用也更合理。

4.3.2 ListBox

DropDownList 和 ListBox 控件都允许用户从列表中选择项，区别在于 DropDownList 的列表在用户选择前处于隐藏状态，而 ListBox 的选项列表是可见的，并且可同时选择多项。设置 SelectionMode 属性为 Single 时，表明只允许用户从列表框中选择一个项目，而当 SelectionMode 属性的值为 Multiple 时，用户可以按住 Ctrl 键或者使用 Shift 组合键从列表中选择多个数据项。

实例 4-7　实现数据项在 ListBox 控件之间的移动

下面的示例为实现两个 ListBox 间数据项的相互移动，支持多项选择。

（1）新建 Web 窗体页面，命名为 ListBox.aspx，添加两个 ListBox，供选择的列表框 ID 为 list_select，已选中的列表框为 list_selected。注意两个列表框的 SelectionMode 属性均为 Multiple，AutoPostBack 属性为 False。两个 Button 按钮分别负责添加与移除操作，设计前台如图 4-18 所示。

图 4-18　ListBox 前台设计效果

源代码如下:

```
< form id ="form1" runat ="server" >
请选择要添加的项：< br / >
< asp:ListBox ID ="list_select" runat ="server" CssClass ="s" Height ="93px"
    SelectionMode ="Multiple" Width ="78px" >
    < asp:ListItem Value ="0" >Asp.Net </asp:ListItem >
    < asp:ListItem Value ="1" >Java </asp:ListItem >
    < asp:ListItem Value ="2" >PHP </asp:ListItem >
    < asp:ListItem Value ="3" >VB </asp:ListItem >
    < asp:ListItem Value ="4" >C# </asp:ListItem >
</asp:ListBox >
<asp:Button ID ="bt_add" runat ="server" onclick ="bt_add" Text ="添加" / > <br / >
已选中的项：< br / >
<asp:ListBox ID ="list_selected" runat ="server" Height ="89px" Width ="79px"
    SelectionMode ="Multiple" >
</asp:ListBox >
<asp:Button ID ="bt_cancel" runat ="server" onclick ="bt_cancel" Text ="移除" / >
</form >
```

(2) 对两个按钮的 Click 事件进行编写，实现列表项的移动，在这里将移动代码独立成了 Move 方法。ListBox.aspx.cs 的源代码如下：

```
protected void bt_add_Click(object sender, EventArgs e)  //增加按钮事件
{
    Move(list_select,list_selected);    //调用 Move 方法，输入两个参数
}
protected void bt_cancel_Click(object sender, EventArgs e)  //删除按钮事件
{
    Move(list_selected, list_select);
}
private  void Move(ListBox select,ListBox selected)    //自定义移动方法
{
    int[] indices = select.GetSelectedIndices();  //获取当前选中项的索引值数组
    if (indices.Length == 0)                //数组长度
    {
        Response.Write("<script >alert('您未选中任何项！')</script >"); //提示信息
      eturn;
    }
    else
    {
        for (int i = indices.Length - 1; i > = 0; i - -)
        {
```

```
            selected.Items.Add(select.Items[indices[i]]);  //ListBox 增加项
            select.Items.Remove(select.Items[indices[i]]); //ListBox 删除项
        }
    }
}
```

4.3.3 CheckBoxList

CheckBoxList 控件叫做复选组控件，当需要用户选择多个选择项时，复选组控件便可满足需求。类似的有 CheckBox 复选框控件，但是这两者是有区别的。CheckBox 控件没有 Items 属性，因为它只有一项供选择，多个 CheckBox 控件通过 GroupName 属性绑定到一起实现复选框组的功能；判断 CheckBox 是否选中的属性是 Checked，而 CheckBoxList 作为集合控件，判断列表项是否选中的属性是成员的 Selected 属性。

拖动一个 CheckBoxList 控件到页面上，声明代码如下：

```
<asp:CheckBoxList ID="cbl_check" runat="server" AutoPostBack="True">
    <asp:ListItem>C#</asp:ListItem>
    <asp:ListItem>JAVA</asp:ListItem>
    <asp:ListItem>C++</asp:ListItem>
    <asp:ListItem>C</asp:ListItem>
    <asp:ListItem>PHP</asp:ListItem>
</asp:CheckBoxList>
<asp:Label ID="lb_select" runat="server"></asp:Label>
```

上述代码中提供了 5 类语言供用户选择，复选框最常用的事件是 SelectedIndexChanged，双击该控件系统自动生成该事件代码，处理过程如下：

```
protected void cbl_check_SelectedIndexChanged(object sender, EventArgs e)
{
    lb_select.Text = "您选择的编程语言为：";
    foreach (ListItem item in cbl_check.Items)   //循环检测 Items 中的每一项
    {
        if (item.Selected == true)               //判断当前 item 的项是否选中
            lb_select.Text += item.Text + " ";   //"+ ="运算累加各项的 Text 值
    }
}
```

上述代码中首先为标签控件的 Text 属性赋值了一句话，foreach 语句中循环检测了复选框控件中的每一项 ListItem，并且判断每一项是否被选中，如果选中，就在标签控件原有的文本后增加当前选中项的文本值。当然使用传统循环语句检测每一项是否被选中也是可以的，只不过代码会多一些，并且 foreach 循环的效率也更高。浏览器中的运行效果如图 4-19 所示。

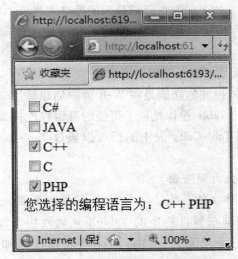

图 4-19 浏览运行效果

在实际工程项目中，一般设置 CheckBoxList 的属性 AutoPostBack 的值为 false。要提交数据到服务器，不采用 CheckBoxList 的自身事件，而是常配合 Button 控件实现。

除手动编写每项的值之外，复选框组控件也可以绑定数据源取得数据库中的数据。

4.3.4 RadioButtonList

RadioButtonList 控件叫做单选组控件，与 CheckBoxList 不同的是，它们可以为用户提供单项选择，如性别的选择。和它有相同功能的还有单选控件 RadioButton，但单选控件只能提供一个选择项，单选组控件却可以提供多个选择项。另外，单选组控件所生成的代码也比单选控件实现的相对较少。

同 DropDownList 控件一样，单选组控件最重要的属性也是 Items，其他常用属性如下。

- DataMember：在数据集用做数据源时做数据绑定。
- DataSource：向列表填入项时所使用的数据源。
- DataTextFiled：提供项文本的数据源中的字段。
- DataTextFormat：应用于文本字段的格式。
- DataValueFiled：数据源中提供项值的字段。
- RepeatColumn：用于布局项的列数。
- RepeatDirection：项的布局方向。

RadioButtonList 控件的使用方法和属性和 CheckBoxList 控件很相似，只是功能上的单选与多选的区别，用户可以根据实际项目开发中所需功能正确选择和使用。

4.4 表格控件

通常，表不仅用来显示表格的信息，还是一种传统的布局网页的形式，创建网页表格有如下几种形式。

- HTML 格式的表格：如 <table> 标记显示的静态表格。
- HtmlTable 控件：将传统的 <table> 控件通过添加"runat = server"属性转换为服务器控件。
- Table 表格控件：就是本节介绍的表格控件。

ASP.NET 提供的 Table 控件的功能是在 Web 页中创建通用表，相比 Html 标准控件中的 Table 控件，服务器端的 Table 控件提供了更强的可编程性。Table 控件主要由 3 个组件组成：Table、TableRow 和 TableCell。表中的行可以通过 TableRow 创建，而表中的列通过 TableCell 来实现。

实例 4-8　动态生成九九乘法表

（1）新建一个 Web 窗体文件，拖动一个 Table 控件到页面上。

（2）开发人员可以手动在属性栏中的 TableRow 属性中添加每一行，然后在每一行中通过 TableCell 添加每一个单元格，过程如同列表控件添加选择项。下面通过后台代码实现动态增加行和列，以便更加了解 TableRow 和 TableCell 的属性和方法。代码如下：

```
protected void Page_Load(object sender, EventArgs e)    //在页面加载时执行下列代码
{
    TableRow r; // 表格行对象
    TableCell c; // 表格单元格对象
    for (int k = 1; k <= 9; k++)        //第一层循环，增加每一行
    {
        r = new TableRow();             //行对象实例化
        tb.Rows.Add(r);                 //将实例化后的 r 加到 Table 控件上
        for (int j = 1; j <= k; j++)    //第二层循环，增加每一列
        {
            c = new TableCell();        //单元格对象实例化
            r.Cells.Add(c);             //将实例化后的 c 加到 r 上
            //设置单元格中的 Text 值
            c.Text = k.ToString() + " * " + j.ToString() + "=" + (k* j).ToString ();
        }
    }
}
```

（3）运行结果如图 4-20 所示。

在动态创建行和列的时候，也能够修改行和列的样式等属性，创建自定义样式的表格。虽然创建表格有 3 种方法，但在不需要对表格做任何逻辑事物处理时，最好使用 HTML 格式的表格，这样可以极大地降低页面逻辑，增强性能。

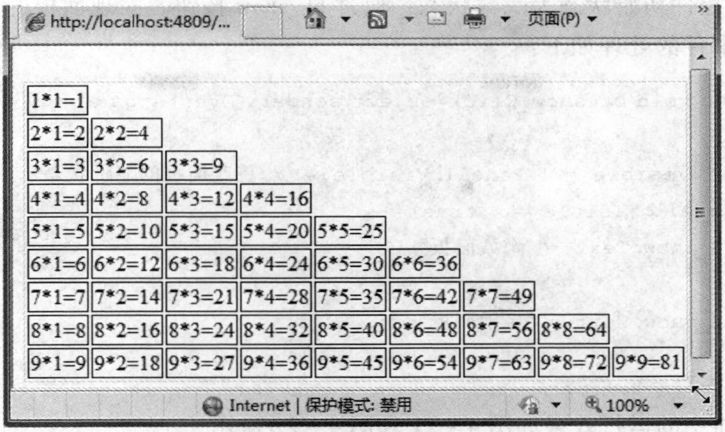

第4章 Web服务器控件

图4-20 乘法口诀表

4.5 容器控件

Web窗体上的容器控件，常用于动态地建立控件和不同情况下在同一个页面上显示不同内容，主要包括Panel控件和PlaceHolder控件。下面分别进行介绍。

4.5.1 Panel

Panel面板控件的作用是控制一些控件的整体输入输出，就好像是一些控件的容器，可以使其他的控件包含在Panel控件里面，使用时直接拖动控件到Panel里便可，还可以通过后台进行统一管理和编程处理，以达到开发人员的需求。Panel的主要属性如下。

- DefaultButton：面板的默认按钮。
- Direction：面板中文本的方向。
- GroupingText：群组显示的文本。
- HorizontalAlign：设置面板内的水平对齐。
- ScrollBars：滚动条设置。其中Horizontal，Vertical是IE专用。

实例4-9 Panel面板的显示与隐藏

（1）创建一个Panel控件，并在Panel控件里放置一个Label控件和一个Textbox控件，在Panel控件外放置一个Button。系统生成的HTML代码如下：

```
<asp:Button ID="bt_show" runat="server" onclick="bt_show_Click" Text="显示面板" />
    <br />
<asp:Panel ID="Panel1" runat="server" Visible="False">
    <asp:Label ID="lb_info" runat="server">请输入用户名：</asp:Label>
    <br />
    <br />
    <asp:TextBox ID="tb_name" runat="server"></asp:TextBox>
</asp:Panel>
```

（2）Panel 控件初始状态为隐藏状态，通过 bt_show 按钮，实现面板的显示与隐藏状态的控制。按钮事件的处理如下：

```
protected void bt_show_Click(object sender, EventArgs e)
{
    Panel1.Visible = ! Panel1.Visible;    //更改面板的显示状态
    if (Panel1.Visible = = true)
        bt_show.Text = "隐藏面板";
    else
        bt_show.Text = "显示面板";
}
```

（3）浏览器中的运行效果如图 4 - 21 和图 4 - 22 所示。

图 4 - 21　Panel 隐藏效果

图 4 - 22　Panel 显示效果

程序扩展补充：当 Panel 控件中也同样存在多个 Button 控件时，可以把 Panel 控件的 DefaultButton 属性设置为面板中某个按钮的 ID 值，当用户在面板中输入完毕，可以直接按 Enter 键来传送表单。当设置了 Panel 控件的高度和宽度时，当 Panel 控件中的内容高度或宽度超过时，还能够自动出现滚动条。

（4）GroupingText 属性能够进行 Panel 控件的样式呈现，当 Panel 控件的 GroupingText 属性被设置时，Panel 将会被创建一个带标题的分组框，通过编写 GroupingText 属性能够更加清晰地让用户了解 Panel 控件中服务器控件的类别。效果如图 4 - 23 所示。

图 4 - 23　设置 GroupingText 后的效果

4.5.2 PlaceHolder

PlaceHolder 占位控件的功能与 Panel 控件相似，都可以作为控件群的容器来使用，但是占位控件不能直接拖动控件到 PlaceHolder 里，主要通过后台的编程处理来实现所要求的效果，当需要程序动态添加新控件时就必须用到 PlaceHolder 控件。

下面这段代码实现了当页面加载时动态生成控件的功能：

```
protected void Page_Load(object sender, EventArgs e)
{
    Label lb = new Label();        //实例化一个 Label 控件
    lb.Text = "请输入用户名:";
    TextBox tb = new TextBox();    //实例化一个 TextBox 控件
    PlaceHolder1.Controls.Add(lb); //将 Label 控件加入 PlaceHolder 中
    PlaceHolder1.Controls.Add(tb); //将 TextBox 控件加入 PlaceHolder 中
}
```

上述代码动态地创建了一个 Label 控件和一个 TextBox 控件，并显示在 PlaceHolder 中，运行效果如图 4-24 所示。

图 4-24 PlaceHolder 动态加载控件效果

实例 4-10 PlaceHolder 应用实例

(1) 新建一个 Web 窗体页面，在页面放置一个 PlaceHolder 控件、一个 Button 控件和一个 Label 控件，代码如下：

```
<asp:PlaceHolder ID="PlaceHolder1" runat="server"></asp:PlaceHolder>
    <br /><br />
        <asp:Button ID="Button1" runat="server" onclick="Button1_Click" Text="Button" />
    <asp:Label ID="Label1" runat="server"></asp:Label>
```

(2) 当页面加载时，在 PlaceHolder 中动态添加一个 Label 控件和一个 RadioButtonList 控件，cs 文件中的 Page_Load() 事件源代码如下：

```
protected void Page_Load(object sender, EventArgs e)
{
    Label question = new Label();
    question.ID = "question";
    question.Text = "1.Web 服务器控件不包括()";
    PlaceHolder1.Controls.Add(question);

    RadioButtonList answer = new RadioButtonList();
    answer.ID = "answer";
    answer.Items.Add(new ListItem("A.Wizard", "A"));
    answer.Items.Add(new ListItem("B.input", "B"));
    answer.Items.Add(new ListItem("C.Adrotator", "C"));
    answer.Items.Add(new ListItem("D.Calender", "D"));
    PlaceHolder1.Controls.Add(answer);

}
```

（3）Button 按钮的单击事件用来显示 RadioButtonList 中的选项，代码如下：

```
protected void Button1_Click(object sender, EventArgs e)
    {
        RadioButtonList choose = (RadioButtonList)PlaceHolder1.FindControl("answer");
        Label1.Text = "你选择了：" + choose.SelectedValue;
    }
```

（4）运行程序结果如图 4-25 所示。

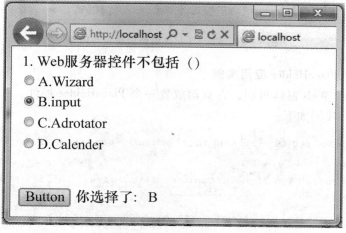

图 4-25　运行结果

4.6 向导控件

4.6.1 View 和 MultiView

　　MultiView 和 View 控件搭配使用可以制作出选项卡的效果，并提供了一种可方便显示信息的替换视图方式。MultiView 控件是一组 View 控件的容器，使用它可定义一组 View 控件。其中，每个 View 控件都包含子控件，可以说它们也是各种控件的容器。View 控件不能单独使用，必须放在 MultiView 控件内部，且每次只能显示一个 View 控件中的内容，即每次只有一个 View 控件为活动视图。可以使用 ActiveViewIndex 属性或 SetActiveView 方法定义活动视图。如果 ActiveViewIndex 属性为空，则 MultiView 控件不向客户端呈现任何内容。MultiView 控件和 View 没有像其他控件那样多的属性。

　　在一个 MultiView 控件中放置 3 个 View 控件，声明代码如下：

```
<asp:MultiView ID ="MultiView1" runat ="server" ActiveViewIndex ="0">
    <asp:View ID ="View3" runat ="server">
        第一个View
        <asp:Button ID ="Button1" runat ="server" CommandName ="NextView" Text ="第二个"/>
        <asp:Button ID ="Button2" runat ="server" CommandArgument ="2" CommandName ="SwitchViewByIndex" Text ="第三个"/>
    </asp:View>
    <asp:View ID ="View2" runat ="server">
        第二个View
        <asp:Button ID ="bt2" runat ="server" CommandName ="NextView" Text ="第三个"/>
        <asp:Button ID ="bt4" runat ="server" CommandArgument ="View3" CommandName ="SwitchViewByID" Text ="第一个"/>
    </asp:View>
    <asp:View ID ="View1" runat ="server">
        第三个View
        <asp:Button ID ="bt3" runat ="server" CommandName ="PrevView" Text ="第二个"/>
        <asp:Button ID ="Button3" runat ="server" CommandArgument ="0" CommandName ="SwitchViewByIndex" Text ="第一个"/>
    </asp:View>
</asp:MultiView>
```

　　上述代码表示一个 MultiView 控件中嵌套 3 个 View 控件，设置了 ActiveViewIndex 属性为 0，即第一个面板为活动状态，每个 View 控件中有两个按钮，分别设置了它们的 CommandArgument 属性和 CommandName 属性，用来控制不同 View 之间的切换，可以设置的方式见表 4-2 所示。

表 4-2 CommandName 和 CommandArgument 设置方式

CommandName 值	CommandArgument 值
NextView	（没有值）
PrevView	（没有值）
SwitchViewByID	要切换到的 View 控件的 ID
SwitchViewByIndex	要切换到的 View 控件的索引号

在浏览器中的显示效果如图 4-26 和图 4-27 所示。

图 4-26 按下第一个 View

图 4-27 按下第二个 View

注意：在 MultiView 控件中，第一个被放置的 View 控件的索引为 0 而不是 1，后面的 View 控件的索引依次递增。MultiView 和 View 控件也可以实现导航效果，可以通过编程指定 MultiView 的 ActiveViewIndex 属性显示相应的 View 控件。

4.6.2 Wizard

Wizard 控件叫做向导控件，主要用于搜集用户信息、配置系统等。例如，用户的注册是需要若干步完成的，用户填完某一步的表单后，可以单击"下一步"按钮，也可以使用"上一步"按钮的功能返回，Wizard 就可以很容易地实现上述注册功能。Wizard 向导控件和 Multiview 控件类似，但是比 MultiView 控件更方便。向导控件能够根据步骤自动更换选项，如在没有执行到最后一步时，会出现"上一步"或"下一步"按钮以便用户使用，当向导执行完毕时，则会显示"完成"按钮，极大地简化了开发人员的向导开发过程。下面介绍 Wizard 控件的重要属性和事件。

- ActiveStepIndex：显示当前是向导中的第几个步骤，在页面刚开始加载时，默认是 0。
- DisplaySideBar：当该属性设置为 true 时，则将整个流程的步骤全部显示在页面中。
- DisplayCancelButton：当该属性设置为 true 时，在每个页面中，都将显示一个 cancel 的按钮，要处理取消的事件，可以在 CancelButtonClick（）中编写代码。
- ActiveStepChanged：当从一个步骤转换到另一个步骤时，触发的事件。
- PreviousButtonClick：当单击"上一步"按钮时触发的事件。
- NextButtonClick：当单击"下一步"按钮时触发的事件。
- FinishButtonClick：当单击"完成"按钮时触发的事件。
- CancelButtonClick：当单击"取消"按钮时触发的事件。

下面为 Wizard 控件默认生成的代码：

```
<asp:Wizard ID ="Wizard1" runat ="server">
    <WizardSteps>
        <asp:WizardStep runat ="server" title ="Step 1">
        </asp:WizardStep>
        <asp:WizardStep runat ="server" title ="Step 2">
        </asp:WizardStep>
    </WizardSteps>
</asp:Wizard>
```

Wizard 控件默认生成两步，可以单击 Wizard 控件的 WizardSteps 属性弹出集合编辑器窗口后进行编辑，如图 4-28 所示。

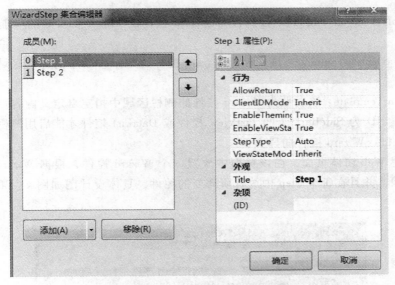

图 4-28　WizardStep 集合编辑器

Wizard 控件由 4 部分组成，如图 4-29 所示。

图 4-29　Wizard 控件结构

- 侧栏（SideBar）：包含所有向导步骤的列表，这些列表内容来自 WizardSteps 的属性

Title 值。对应的模板属性是 SideBarTemplate。

• 标题（Header）：每个向导步骤提供一致的标题信息，对应的模板属性是 HeaderTemplate。

• 向导步骤集合（WizardSteps）：Wizard 控件的核心，必须逐个为向导的每个步骤定义内容。

• 导航按钮（NavigationButton）：呈现形式与每个 WizardStep 的属性 StepType 有关。

Wizard 向导控件还支持一些模板。用户可以配置相应的属性来配置向导控件的模板。用户可以通过编辑 StartNavigationTemplate 属性、FinishNavigationTemplate 属性、StepNavigationTemplate 属性以及 SideBarTemplate 属性来进行自定义控件的界面设定。这些属性的意义如下所示。

• StartNavigationTemplate：该属性指定为 Wizard 控件的 Start 步骤中的导航区域显示自定义内容。

• FinishNavigationTemplate：该属性为 Wizard 控件的 Finish 步骤中的导航区域指定自定义内容。

• StepNavigationTemplate：该属性为 Wizard 控件的 Step 步骤中的导航区域指定自定义内容。

• SideBarTemplate：该属性为 Wizard 控件的侧栏区域中指定自定义内容。SideBarTemplate 必须包含 ID 为 SideBarList 的 ListView 控件或 DataList 控件才能启用侧栏导航功能。

实例 4-11 Wizard 控件向导实例

（1）新建 Web 窗体页面，在该页面中放置一个 Wizard 控件，根据 WizardStep 集合编辑器编辑步骤，并且在每个 Step 中放置所需要的控件，具体设计图如图 4-30～图 4-33 所示。

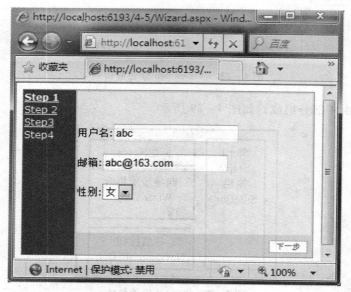

图 4-30 Step1 浏览效果

图 4-31 Step2 浏览效果

图 4-32 Step3 浏览效果

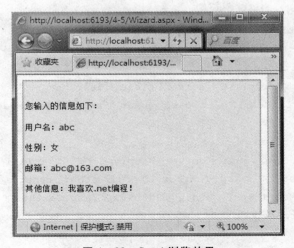

图 4-33 Step4 浏览效果

HTML 代码如下：

```
    <asp:Wizard ID="Wizard1" runat="server" ActiveStepIndex="0" Height
="209px"
    onfinishbuttonclick="Wizard1_FinishButtonClick" style="margin-
bottom: 0px"
    Width="362px" BackColor="#E6E2D8" BorderColor="#999999"
    BorderStyle="Solid" BorderWidth="1px" Font-Names="Verdana" Font-Size="
0.8em">
        <HeaderStyle BackColor="#666666" BorderColor="#E6E2D8" BorderStyle="Sol
id"
    BorderWidth="2px" Font-Bold="True" Font-Size="0.9em" ForeColor="White"
    HorizontalAlign="Center" />
        <NavigationButtonStyle BackColor="White" BorderColor="#C5BBAF"
    BorderStyle="Solid" BorderWidth="1px" Font-Names="Verdana" Font-Size
="0.8em"
    ForeColor="#1C5E55" />
        <SideBarButtonStyle ForeColor="White" />
        <SideBarStyle BackColor="#1C5E55" Font-Size="0.9em" VerticalAlign="
Top" />
        <StepStyle BackColor="#F7F6F3" BorderColor="#E6E2D8" BorderStyle="Sol
id"
    BorderWidth="2px" />
        <WizardSteps>
        <asp:WizardStep runat="server" title="Step 1">
        用户名：<asp:TextBox ID="tb_name" runat="server"></asp:TextBox>
<br /><br />
        邮箱：<asp:TextBox ID="tb_email" runat="server"></asp:TextBox>
<br /><br />
        性别：<asp:DropDownList ID="ddl_sex" runat="server">
            <asp:ListItem>男</asp:ListItem>
            <asp:ListItem>女</asp:ListItem>
            </asp:DropDownList>
        </asp:WizardStep>
        <asp:WizardStep runat="server" title="Step 2">
        密码：<asp:TextBox ID="tb_pass" runat="server" TextMode="Password"></
asp:TextBox>
        </asp:WizardStep>
        <asp:WizardStep runat="server" StepType="Finish" Title="Step3">
        其他信息：<br /><asp:TextBox ID="tb_other" runat="server" Height="
130px" TextMode="MultiLine" Width="300px"></asp:TextBox>
        </asp:WizardStep>
```

```
            <asp:WizardStep runat="server" StepType="Complete" Title="Step4">
            您输入的信息如下：<br /> <br />
            用户名：<asp:Label ID="lb_name" runat="server" Text="Label"></asp:Label><br />
                <br />
                性别：<asp:Label ID="lb_sex" runat="server" Text="Label"></asp:Label>
                <br /><br />
                邮箱：<asp:Label ID="lb_email" runat="server" Text="Label"></asp:Label>
                <br /><br />
                其他信息：<asp:Label ID="lb_other" runat="server" Text="Label"></asp:Label>
            </asp:WizardStep>
        </WizardSteps>
    </asp:Wizard>
```

（2）Wizard 控件自动套用了名为"简明型"的格式，设置了 4 个步骤，第 3 个步骤的 StepType 属性设置为 Finish，最后 1 个步骤的 StepType 属性设置为 Complete。在第 3 个步骤里的"完成"按钮事件（双击 Wizard 控件即可自动生成）中的处理过程如下：

```
    protected void Wizard1_FinishButtonClick(object sender, WizardNavigationEventArgs e)
    {
        lb_name.Text = tb_name.Text;
        lb_email.Text = tb_email.Text;
        lb_other.Text = tb_other.Text;
        lb_sex.Text = ddl_sex.SelectedItem.ToString();
    }
```

4.7　其他控件

4.7.1　Calendar

Calendar 日历控件通常在博客、论坛等程序中使用，日历控件不仅仅只是显示了一个日历，用户还能够通过日历控件进行时间的选取。在传统 Web 开发中，日历控件的实现十分复杂，而 ASP.NET 提供了强大的日历控件来简化日历控件的开发。日历控件能够实现日历的翻页、日历的选取以及数据的绑定，开发人员能够在博客、OA 等应用的开发中使用日历控件从而减少日历应用的开发。下面介绍日历控件的一些属性和事件。

- SelectionMode：获取或设置 Calendar 控件上的日期选择模式，该模式指定用户可以选择单日、一周还是整月。

- **DayNameFormat**：获取或设置一周中各天的名称格式，默认值为 Short。
- **FirstDayOfWeek**：获取或设置将在日历的第一列中显示的一周中的某一天，默认值为 Sunday。
- **NextPrevFormat**：获取或设置 Calendar 控件的标题部分中下个月和上个月导航元素的格式。
- **DayRender 事件**：DayRender 事件是在正呈现 Calendar 控件时引发的，不能添加如 Button 这样的也能引发事件的控件，只能添加静态控件，如 Label、Image 和 HyperLink。
- **SelectionChanged 事件**：用户更改选择时激发，为 Calendar 控件的默认事件。
- **VisibleMonthChanged 事件**：用户更改可见月时激发。

实例 4-12　给 Calendar 添加节日

该实例实现给简单的 Calendar 日历控件增加几个节日文字。

（1）新建一个 Web 窗体页面，在该页面中添加一个 Calendar 控件，可以选择自动套用格式，在这里选择彩色型 2；再添加一个 Label 控件，用来显示选择的日期。

（2）在 Calendar 的 SelectionChanged 事件中添加如下代码，实现在 Label 中显示日期的功能。

```csharp
protected void Calendar1_SelectionChanged(object sender, EventArgs e)
{
    Label1.Text = "";
    foreach (DateTime i in Calendar1.SelectedDates)
        Label1.Text += i.ToShortDateString() + "<br>";
}
```

（3）因为节日的出现是要在 Calendar 控件呈现时同时出现，不再需要其他控件的事件触发，所以在 Calendar 的 DayRender 事件实现添加节日的功能，代码如下：

```csharp
protected void Calendar1_DayRender(object sender, DayRenderEventArgs e)
{
    string[,] myday = new string[13,32];
    myday[1, 1] = "元旦";
    myday[2, 14] = "情人节";
    myday[3, 8] = "妇女节";
    myday[4, 1] = "愚人节";
    myday[4, 5] = "清明节";
    myday[5, 1] = "劳动节";
    myday[6, 1] = "儿童节";
    string s = myday[e.Day.Date.Month, e.Day.Date.Day];
    if (s! = null)
        e.Cell.Controls.Add(new LiteralControl("<br>"+s));
}
```

（4）运行结果如图 4-34 所示。

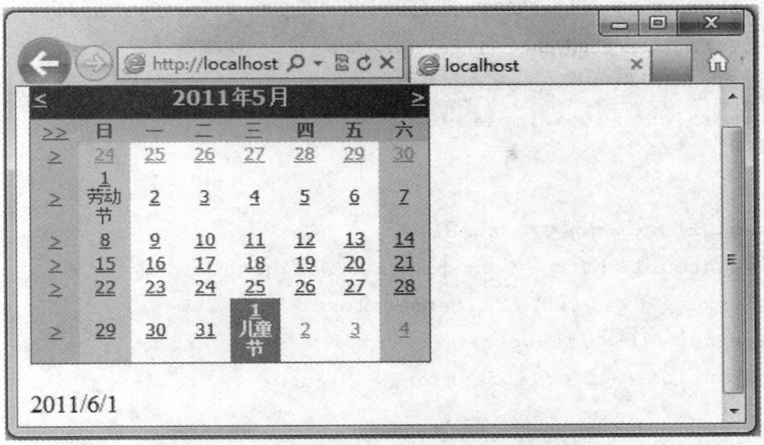

图 4-34　运行效果

ASP. NET 提供的日历控件功能有限，当然开发人员可以通过编程处理实现自己想要的效果。还有一些第三方的日历控件，提供了不同的功能样式风格。例如，AjaxControlToolkit 中的 CalendarExtender 扩展控件，结合 TextBox 文本框控件可以直接实现日期的选择，读者可以自行练习使用。

4.7.2　AdRotator 广告控件

在平时上网浏览网页的时候，经常会遇到很多的广告，在 ASP. NET 中也提供了广告控件 AdRotator。它提供了一种在 ASP. NET 网页上显示广告的简便方法。该控件会显示提供的图形图像，当然不一定非得是广告图片。该控件会从数据源（通常是 XML 文件或数据库表）提供的广告列表中自动读取广告图片 URL。每次刷新页面时，AdRotator 控件会按加权随机选择广告。加权控制广告条的优先级别，这可以使某些广告的显示频率比其他广告高。

广告控件最常用的属性就是 AdvertisementFile，用来指定数据源文件，通常使用 XML 文件。

下面是 XML 文件的格式示例：

```
<? xml version = "1.0" encoding = "utf -8" ? >
<Advertisements >
  <Ad >
   <ImageUrl >sina. bmp </ImageUrl >
   <NavigateUrl >http://www. sina. com. cn </NavigateUrl >
   <AlternateText >新浪 </AlternateText >
   <Keyword >门户 </Keyword >
   <Impressions >10 </Impressions >
  </Ad >
  <Ad >
```

```
    <ImageUrl>netease.bmp</ImageUrl>
    <NavigateUrl>http://images/www.sohu.com</NavigateUrl>
    <AlternateText>网易</AlternateText>
    <Keyword>门户</Keyword>
    <Impressions>10</Impressions>
  </Ad>
  <Ad>
    <ImageUrl>qq.bmp</ImageUrl>
    <NavigateUrl>http://www.qq.com</NavigateUrl>
    <AlternateText>腾讯</AlternateText>
    <Keyword>门户</Keyword>
    <Impressions>10</Impressions>
  </Ad>
</Advertisements>
```

从上述代码可以看出，只有一对 <Advertisements></Advertisements> 标签，内部包含多对 <Ad></Ad> 标签，每一对里可以分别设置标签的元素。

注意：切记 XML 文件的格式以及节点的大小写！

XML 文件的标签元素如下。

（1）ImageUrl：指定一个图片文件的相对路径或绝对路径，当没有 ImageKey 元素与 OptionalImageUrl 匹配时则显示该图片。

（2）NavigateUrl：当用户单击广告没有 NavigateUrlKey 元素与 OptionalNavigateUrl 元素匹配时，会将用户发送到该页面。

（3）AlternateText：该元素用来替代 IMG 中的 ALT 元素。

（4）KeyWord：用来指定广告的类别。

（5）Impression：该元素是一个数值，指示轮换时间表中该广告相对于文件中的其他广告的权重。数字越大，显示该广告的频率越高。XML 文件中所有 <Impressions> 值的总和不能超过 2 047 999 999。否则，AdRotator 控件将引发运行时异常。

（6）StartDate：可选项，为广告开始展示时间。

（7）EndDat：可选项，为广告结束展示时间。

指定了广告控件的 AdvertisementFile 属性值为上面所示的 XML 文件。在浏览器中的运行效果如图 4-35 和图 4-36 所示。

图 4-35 运行结果 1

图 4-36 运行结果 2

4.8 小　　结

本章讲解了 ASP.NET 中常用的标准控件，一个网站不是由某一两个控件能够实现完成的，这需要不同控件的组合联系，合理搭配使用，才能发挥出更好的效果。

这些常用控件的本质都是相似的，学习的时候要多实践，分析观察不同控件的不同属性和方法事件。这会极大提高学习新控件的效率，同时当开发人员水平达到一定程度时，也可以自己设计自己需要的控件。这些都需要建立在对控件原理十分清楚的基础之上。

ASP.NET 中常用的控件，虽然极大提高了开发人员的效率，但是同时也产生了两方面的弊端。一是对于开发人员而言，这些控件制约了开发人员的学习，人们虽然能够经常使用 ASP.NET 中的控件来创建强大的多功能网站，却不能深入地了解控件的原理，所以对这些控件的熟练掌握，是了解控件的原理的第一步。二是本章介绍的均是服务器控件，如果网站页面上采用了很多服务器控件，同时服务器的访问量也达到一定程度时，对服务器的影响很大，网站的运行速度会变慢，效率变低。所以，开发人员要合理选择合适的控件进行布局选择。

4.9 课后习题

1. 简述标签 <a>、LinkButton 控件和 HyperLink 控件的区别。
2. 简单实现通过登录页面，选择不同的角色进入不同的页面，查看不同的内容（如游客、会员、管理员这 3 种身份）。
3. 编程实现年、月、日三级联动，并在页面中显示选中的日期结果。

注意：日期会因为年月的不同而显示不同，尤其是二月份，因为闰年或平年的不同而会出现 28 天或 29 天的不同表现。

4. 用 Panel 和 Wizard 完成注册界面，注册内容包括：用户名、密码、性别、生日、QQ 和电话等。

第5章 服务器验证控件

5.1 概 述

5.1.1 验证控件的作用

验证就是给所收集的数据制定一系列规则。验证不能保证输入数据的真实性,只能说是否满足了一些规则,如"文本框中必须输入数据"、"输入数据的格式必须是电子邮件地址"等。规则可多可少,或严格或宽松,完全取决于开发人员,不存在十全十美的验证过程。

ASP.NET 为用户提供的验证控件,用于检测用户输入的信息是否有效,例如,用户登录时需要验证用户名、密码是否正确;填写个人信息时出生年月是否符合日期格式或者是否超出日期范围,若出现错误,验证控件则会显示错误信息。同时 ASP.NET 可以自定义验证控件,方便灵活的实现不同用户对控件的要求。

本章介绍两种不同的验证方式:客户端验证和服务器验证。区别在于客户端验证是指利用 JavaScript 脚本,在数据发送到服务器之前进行验证,服务器端验证是指将用户输入的信息全部发送到 Web 服务器进行验证。一般客户端验证比服务器验证快些,服务器验证比客户端验证安全些,但速度慢些。比较好的方法是先进行客户端验证,再使用服务器端验证。

5.1.2 验证控件基本属性

本章将介绍 6 种验证控件:RequiredFieldValidator、CompareValidator、RangeValidator、RegulerExpressionValidator、CustomValidator 和 ValidationSummary 控件,它们有共同的一些基本属性,如表 5-1 所示。

表 5-1 验证控件基本属性

属 性	说 明
ControlToValidate	获取或设置要验证的控件 I
CssClass	获取或设置由 Web 服务器控件在客户端呈现的级联样式表(CSS)类
Display	获取或设置验证控件中错误消息的显示行为
Enabled	获取或设置一个值,该值指示是否启用验证控件
ErrorMessage	获取或设置验证失败时控件中显示的错误消息的文本
IsValid	获取或设置一个值,该值指示关联的输入控件是否通过验证
Text	获取或设置验证失败时验证控件中显示的文本
EnableClientScript	设置是否启用客户端验证,默认值 True
SetFocusOnError	当验证无效时,确定是否将焦点定位在被验证控件中
ValidationGroup	设置验证控件的分组名

验证控件中均有一个 IsValid 属性，用这个值来判断验证是否通过，没有错误，该属性值返回 True。如果页面中所有验证控件的 IsValid 属性都为 True，则 Page.IsValid 属性为 True。

如果要禁用验证，可将控件中的 CausesValidation 属性设为 False。

5.2 控件介绍

5.2.1 RequiredFieldValidator

该控件的功能可以验证所关联的控件内容是否为空，如用户名、密码等。若为空，提示错误信息。同时利用控件 InitialValue 属性可以获取或设置关联的输入控件的初始值，只有不等于 InitialValue 属性的值时，才能通过验证。

例如，在一个用户个人信息注册页中，需要姓名、联系电话、家庭住址不为空，并且姓名不能和初始信息相同，实现步骤如下。

（1）创建页面布局为图 5-1 所示。

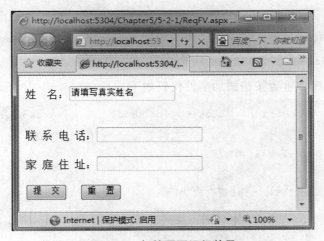

图 5-1 初始页面运行效果

（2）在每个文本框后面增加 RequiredFieldValidator 控件，同时修改其有关属性，ReqFV.aspx 部分源代码如下。

```
<div> 姓     名：<asp:TextBox ID="Name" runat="server">请填写真实姓名</asp:TextBox>
    <asp:RequiredFieldValidator ID="ReqFVName" runat="server" ControlToValidate="Name"     ForeColor="Red">* </asp:RequiredFieldValidator>
    <asp:RequiredFieldValidator ID="ReqFVName1" runat="server" ControlToValidate="Name" ForeColor="Red" InitialValue="请填写真实姓名">不能与初始值相同！</asp:RequiredFieldValidator>
```

```
        <br />
        <br />
联系电话：<asp:TextBox ID ="Phone" runat ="server"></asp:TextBox>
        <asp:RequiredFieldValidator ID ="ReqFVPhone" runat ="server" ControlToValidate ="Phone" ForeColor ="Red">*</asp:RequiredFieldValidator><br />
        <br />
家庭住址：<asp:TextBox ID ="Address" runat ="server"></asp:TextBox>
        <asp:RequiredFieldValidator ID ="ReqFVAddress" runat ="server" ControlToValidate ="Address"
            ForeColor ="Red">*</asp:RequiredFieldValidator>
        <br /><br />
        <asp:Button ID ="Button1" runat ="server" Text ="提  交" OnClick ="Button1_Click" />
           
        <asp:Button ID ="Button2" runat ="server" Text ="重  置" OnClick ="Button2_Click" />
        <br /><br />
        <asp:Label ID ="Label1" runat ="server" Text =""></asp:Label>
    </div>
```

（3）给提交按钮和重置按钮添加事件代码如下。

```
    protected void Button1_Click(object sender, EventArgs e)
    {
        if (Page.IsValid)
        {
            Label1.Text = "提交成功!";
        }




    }
    protected void Button2_Click(object sender, EventArgs e)
    {
        Response.Redirect("ReqFV.aspx");
    }
```

（4）运行。当姓名文本中内容与验证控件 InitialValue 属性的值相同时，显示如图 5-2 所示；当各文本为空时，单击"确定"按钮，显示如图 5-3 所示；当所有信息填写完整后，单击"确定"按钮后，显示如图 5-4 所示。

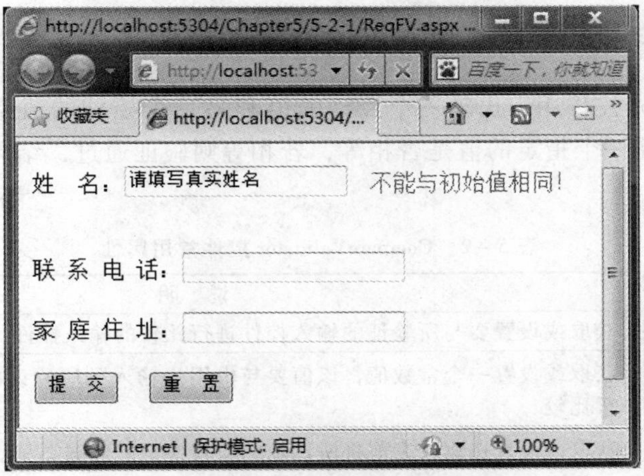

第5章 服务器验证控件

图 5-2 与初始值相同时显示效果

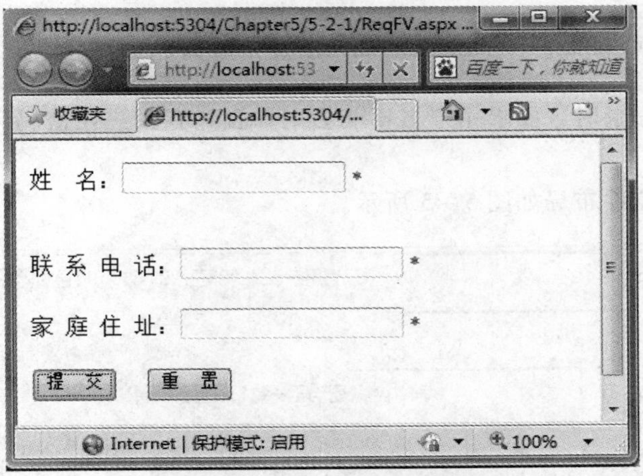

图 5-3 各项信息均为空时显示效果

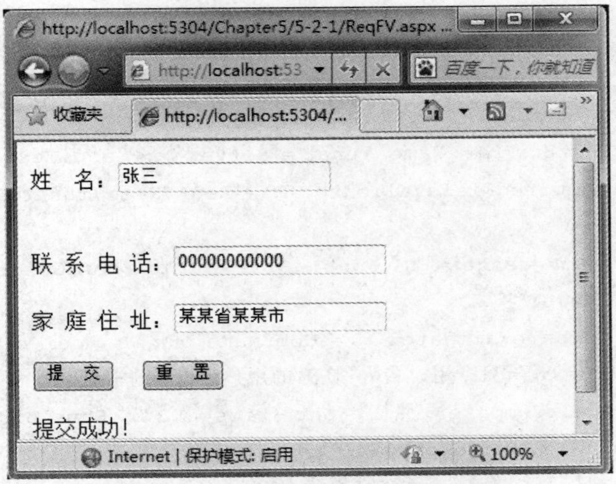

图 5-4 信息填写完整后显示效果

5.2.2 CompareValidator

CompareValidator 控件用于比较一个控件的值和另一个控件的值是否相等，也可用于比较一个控件的值和一个指定的值是否相等，若相等则验证通过，结果为 True。常用属性如表 5-2 所示。

表 5-2 CompareValidator 控件常用属性

属 性	说 明
ControlToCompare	获取或设置要与所验证的输入控件进行比较的输入控件
ValueToCompare	获取或设置一个常数值，该值要与由用户输入到所验证的输入控件中的值进行比较
Type	获取或设置在比较之前将所比较的值转换到的数据类型
Operator	获取或设置要执行的比较操作

> 注 意
>
> 属性 ControlToCompare 和 ValueToCompare 应用时只能选择一个。

例如，在用户登录时，要求用户名不能为空并且只有张三在密码和确认密码值相同时可以通过验证。

（1）创建页面控件布局如图 5-5 所示。

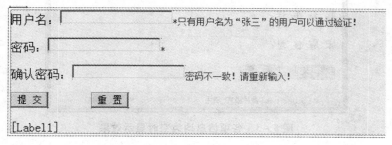

图 5-5 页面设计

部分源代码如下。

```
<div>
用户名：<asp:TextBox ID="Name" runat="server"></asp:TextBox>
       <asp:RequiredFieldValidator ID="ReqFVName" runat="server" Control-
ToValidate="Name"
          ErrorMessage="*" Font-Size="12px" ForeColor="Red"></asp:
RequiredFieldValidator>
       <asp:CompareValidator ID="ComVName" runat="server" ErrorMessage="
输入的用户名不正确!" Text="只有用户名为"张三"的用户可以通过验证!"
          ValueToCompare="张三" Font-Size="12px" ForeColor="Red" Control-
ToValidate="Name"></asp:CompareValidator><br />
       <br />
```

密码：<asp:TextBox ID ="Password" runat ="server"></asp:TextBox>
<asp:RequiredFieldValidator ID ="ReqFVPassword" runat ="server" ControlToValidate ="Password"
        ErrorMessage ="*" Font - Size ="12px" ForeColor ="Red"></asp:RequiredFieldValidator>

    确认密码：<asp:TextBox ID ="Psd" runat ="server"></asp:TextBox><asp:CompareValidator ID ="ComVPassword"
        runat ="server" ErrorMessage ="密码不一致！请重新输入！" Font - Size ="12px" ForeColor ="Red" ControlToCompare ="Password"
        ControlToValidate ="Psd"></asp:CompareValidator>

    <asp:Button ID ="Button1" runat ="server" Text ="提 交" OnClick ="Button1_Click" />
    <asp:Button ID ="Button2" runat ="server" Text ="重 置" OnClick ="Button2_Click" />

    <asp:Label ID ="Label1" runat ="server" Text =""></asp:Label>

</div>
```

（2）编写"提交"按钮和"重置"按钮的事件代码，如下所示。

```
protected void Button1_Click(object sender, EventArgs e)
    {
        if(Page.IsValid)
        {
        Label1.Text = "提交成功！";
        }

    }
    protected void Button2_Click(object sender, EventArgs e)
    {
        Response.Redirect("ComV.aspx");
    }
```

> **注意**
>
> 将多个验证控件关联到同一个控件不会产生任何错误。与该控件关联的所有验证控件均会起作用。

（3）运行验证。当用户名为空或者用户名不是"张三"时，验证不通过，提示相关信
```

息,如图 5-6 所示;当输入的密码与确认密码不符时,显示如图 5-7 所示;当用户名为"张三",输入密码与确认密码一致且不为空时,单击"提交"按钮,则会显示"提交成功!"。

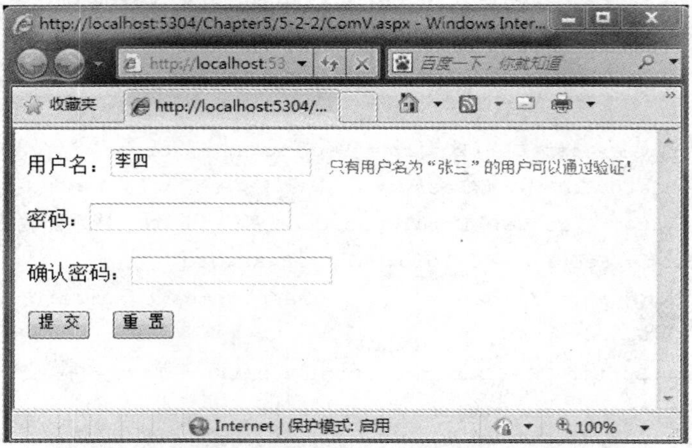

图 5-6 与要求用户名不符

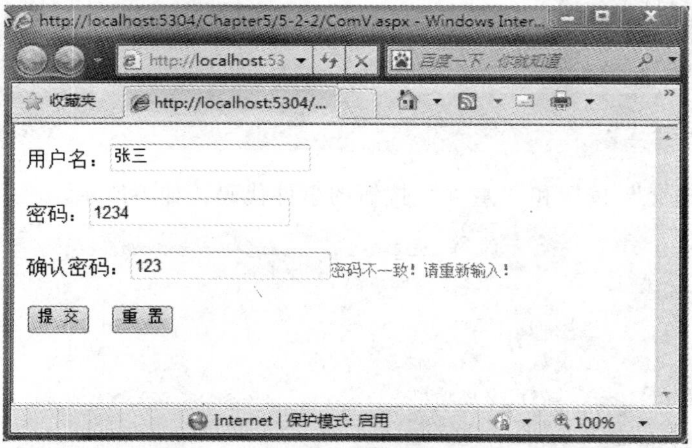

图 5-7 密码与确认密码不一致

5.2.3 RangeValidator

RangeValidator 控件用来检查用户的输入是否在指定的范围内。该控件的两个重要属性是 MaximumValue 和 MinimumValue,分别获取或设置验证范围的最大值和最小值。

例如,要求以下 3 个信息在相应范围内:年级在 2008 至 2012 范围内,成绩在数字 0 到 100 范围内,级别在 A 到 D 范围内。如果超出范围,验证不通过,实现代码如下。

```
<div>
    年级:<asp:TextBox ID="Grade" runat="server"></asp:TextBox>
```

```
            <asp:RangeValidator ID="RanVGrade" runat="server" ForeCol
or="Red" Font-Size="12px" ErrorMessage="年级应该在2008-2012之间!" ControlTo
Validate="Grade" MaximumValue="2012" MinimumValue="2008" Type="Integer"></
asp:RangeValidator>
            <br />
            <br />
        成绩:<asp:TextBox ID="Result" runat="server"></asp:TextBox>
            <asp:RangeValidator ID="RanVResult" runat="server" ForeColor
="Red" Font-Size="12px" ErrorMessage="成绩应该在0-100之间!" ControlToVali
date="Result" MaximumValue="100" MinimumValue="0" Type="Double"></asp:Ran
geValidator>
            <br />
            <br />
        级别:<asp:TextBox ID="Level" runat="server"></asp:TextBox>
            <asp:RangeValidator ID="RanVLevel" runat="server" ForeColor
="Red" Font-Size="12px"  ErrorMessage="级别应该在A-D之间!" ControlToValidate
="Level" MaximumValue="D" MinimumValue="A"></asp:RangeValidator>
            <br />
            <br />
        </div>
```

在所填内容均不为空的情况下,若不符合要求,则会显示错误信息,如图5-8所示。

图5-8 错误信息显示

5.2.4 RegulerExpressionValidator

RegulerExpressionValidator 控件用于检查项与正则表达式定义的模式是否匹配,主要通过属性 ValidationExpression 来获取或设置确定字段验证模式的正则表达式。此类验证使用户能够检查可预知的字符序列,如电子邮件地址、电话号码、邮政编码等内容中的字符序列。

例如,要求身份证号、电话、E-mail 必须符合格式,实现代码如下。

```
    <%@ Page Language="C#" AutoEventWireup="true" CodeFile="RegEV.aspx.cs" Inherits="_5_2_4_Default"%>
    ……
    <div>
    姓名:<asp:TextBox ID="Name" runat="server"></asp:TextBox>
        <asp:RequiredFieldValidator ID="ReqFVName" runat="server" ErrorMessage="*" Font-Size="12px"
            ForeColor="Red" ControlToValidate="Name"></asp:RequiredFieldValidator>
        <br />
        <br />
    身份证号:<asp:TextBox ID="Iden" runat="server"></asp:TextBox>
    <asp:RegularExpressionValidator ID="RegEVIden" runat="server" ErrorMessage="格式不正确!"
        Font-Size="12px" ForeColor="Red" ControlToValidate="Iden" ValidationExpression="\d{17}[\d|X]|\d{15}"></asp:RegularExpressionValidator>
        <br />
        <br />
    固定电话:<asp:TextBox ID="Phone" runat="server"></asp:TextBox>
    <asp:RegularExpressionValidator ID="RegEVPhone" runat="server" ErrorMessage="格式不正确!"
            Font-Size="12px" ForeColor="Red" ControlToValidate="Phone" ValidationExpression="(\(\d{3}\)|\d{3}-)?\d{8}"></asp:RegularExpressionValidator>
        <br />
        <br />
    E-mail:<asp:TextBox ID="Email" runat="server"></asp:TextBox>
        <asp:RegularExpressionValidator ID="RegEVEmail" runat="server" ErrorMessage="格式不正确!"
            Font-Size="12px" ForeColor="Red" ControlToValidate="Email" ValidationExpression="\w+([-+.']\w+)*@\w+([-.]\w+)*\.\w+([-.]\w+)*"></asp:RegularExpressionValidator>
        <br />
        <br />
    </div>
```

在选择 ValidationExpression 属性时,弹出一个"正则表达式编辑器"对话框,选择需要的对应项即可。例如,要限制身份证的格式,则选择"中华人民共和国身份证号码(ID号)"项,验证表达式会自动完成,如图 5-9 所示。程序运行如果出现格式不正确的情况,则会显示如图 5-10 所示的结果。

第5章 服务器验证控件

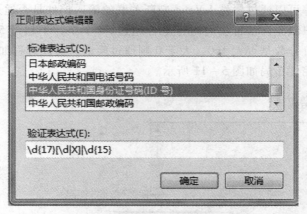

图 5-9 正则表达式编辑器显示

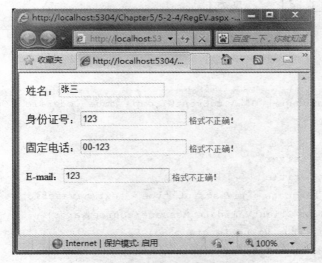

图 5-10 格式错误提示

5.2.5 CustomValidator

当 ASP.NET 提供的验证控件无法满足实际需要时，可以考虑自行定义验证函数，再通过 CustomValidator 控件来调用它。常用属性如表 5-3 所示。

表 5-3 CustomValidator 控件常用属性和事件

属性/事件	说 明
ClientValidationFunction	设置用于验证的自定义客户端脚本函数名
EnableClientScript	指示是否启用客户端验证，默认为 True
ServerValidate 事件	执行服务器端验证

如果只是在客户端通过脚本程序进行验证，不需要提交服务器，只需要在 ClientValidationFunction 属性中引用函数名。如果在服务器端验证，则要用到事件 ServerValidate 来

触发。这两种验证都可以通过属性 IsValid 判断关联的输入控件是否通过验证。

例如，使用客户端验证留言板的内容是否超过 50 个字，不超过 50 个字则通过验证；在服务器端验证评价分数是否大于 0，大于 0 则通过验证。实现过程如下。

(1) 创建页面控件布局如图 5-11 所示。

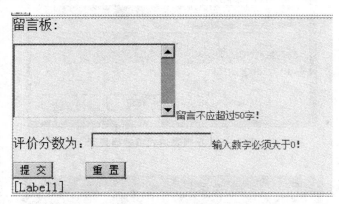

图 5-11　页面设计

源代码如下。

```
<%@ Page Language="C#" AutoEventWireup="true" CodeFile="CusV.aspx.cs" Inherits="_5_2_5_CusV"%>
……
<head runat="server">
    <title></title>
    <script language="javascript" type="text/javascript">
        function ClientValidate_Message(source, args) {
            if (args.Value.length > 50) {
                args.IsValid = false;
            }
            else { args.IsValid = true; }
        }
    </script>
</head>
<body>
    <form id="form1" runat="server">
        <div>
            留言板:<br />
            <br />
            <asp:TextBox ID="Message" runat="server" Rows="7" TextMode="MultiLine" Width="200px"></asp:TextBox>
            <asp:CustomValidator ID="CusVMessage" runat="server" ErrorMessage="留言不应超过 50 字!" ClientValidationFunction="ClientValidate_Message"
```

```
                ControlToValidate = "Message" Font-Size = "12px" ForeColor = "Red" >
</asp:CustomValidator>
            <br />
            <br />
            评价分数为: <asp:TextBox ID = "Result" runat = "server" ></asp:TextBox >
            <asp:CustomValidator ID = "CusVResult" runat = "server" ErrorMessage
= "输入数字必须大于0!" Font-Size = "12px"
                ForeColor = "Red" ControlToValidate = "Result" OnServerValidate = "
CusVResult_ServerValidate" ></asp:CustomValidator > <br />
            <br />
            <asp:Button ID = "Button1" runat = "server" Text = "提 交" OnClick = "Button1_Click" />  
            <asp:Button ID = "Button2" runat = "server" Text = "重 置" OnClick = "Button2_Click" />
            <br />
            <asp:Label ID = "Label1" runat = "server" ></asp:Label >
        </div>
        </form>
    </body>
</html>
```

(2) 编写"提交"按钮和"重置"按钮事件。

```
    protected void Button1_Click(object sender, EventArgs e)
    {
        if (Page.IsValid)
        {
            Label1.Text = "提交成功!";
        }

    }
    protected void Button2_Click(object sender, EventArgs e)
    {
        Response.Redirect("CusV.aspx");
    }
    protected void CusVResult_ServerValidate(object source, ServerValidateEventArgs args)
    {
        if (int.Parse(args.Value) > 0)
        {
            args.IsValid = true;
        }
        else { args.IsValid = false; }
    }
```

（3）运行程序。当留言板内容超过 50 个字时，验证不通过，这是客户端验证，调用脚本函数 ClientValidate_ Message，如图 5 – 12 所示；当评价分数为负数时，验证不通过，这是服务器验证，触发 CusVResult 控件的 ServerValidate 事件，如图 5 – 13 所示。当验证通过后，单击"提交"按钮，显示"提交成功！"。

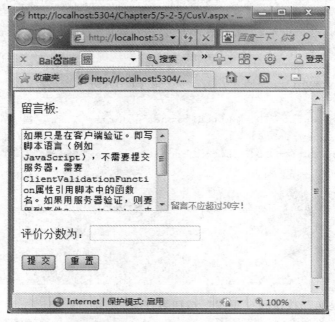

图 5 – 12　客户端验证不通过

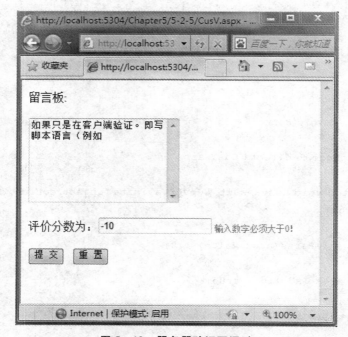

图 5 – 13　服务器验证不通过

5.2.6 ValidationSummary

ValidationSummary 控件提供了汇总其他验证控件错误信息的方式，即汇总其他验证控件的属性 ErrorMessage 值。常用属性如表 5-4 所示。

表 5-4 ValidationSummary 控件常用属性

属 性	说 明
DisplayMode	设置验证摘要的显示模式，值分别为 BulletList、List 和 SingleParagraph
ShowMessageBox	指定是否在一个弹出的消息框中显示错误信息
ShowSummary	指定是否启用错误信息汇总

例如，可以将上面讲述的实例进行综合，并且将验证信息显示在消息框中，实现代码如下。

ValSum.aspx 页代码：

```
<%@ Page Language="C#" AutoEventWireup="true" CodeFile="ValSum.aspx.cs" Inherits="_5_2_6_Validation"%>
……
<div>
    姓名：<asp:TextBox ID="Name" runat="server"></asp:TextBox>
     <asp:RequiredFieldValidator ID="ReqFVName" runat="server" ErrorMessage="*" Font-Size="12px"
        ForeColor="Red" ControlToValidate="Name"></asp:RequiredFieldValidator><br />
    <br />
    密码：<asp:TextBox ID="Password" runat="server"></asp:TextBox><br />
    <br />
    确认密码：<asp:TextBox ID="Psd" runat="server"></asp:TextBox>
    <asp:CompareValidator ID="ComVPsd" runat="server" ErrorMessage="密码不一致!" Font-Size="12px"
        ForeColor="Red" ControlToCompare="Password" ControlToValidate="Psd"></asp:CompareValidator><br />
    <br />
    身份证号：<asp:TextBox ID="Iden" runat="server"></asp:TextBox>
     <asp:RegularExpressionValidator ID="RegEVIden" runat="server" ErrorMessage="格式不正确!"
        ControlToValidate="Iden" Font-Size="12px" ForeColor="Red" ValidationExpression="\d{17}[\d|X]|\d{15}"></asp:RegularExpressionValidator><br />
    <br />
    所在年级：<asp:TextBox ID="Grade" runat="server"></asp:TextBox>
     <asp:RangeValidator ID="RanVGrade" runat="server" ErrorMessage="应在 2008-2012 之间!" Font-Size="12px"
```

```
                    ForeColor ="Red" ControlToValidate ="Grade" MaximumValue ="2012"
MinimumValue ="2008" > </asp:RangeValidator > <br />
        <br />
        <asp:Button ID ="Button1" runat ="server" Text ="提 交" /> <br />
        <br />
         <asp:ValidationSummary ID ="ValS" runat ="server" HeaderText ="总结:"
ShowMessageBox ="true"
            ShowSummary ="true" Font - Size ="12px" ForeColor ="Red" />
        <br />
        <br />
    </div>
```

当控件验证失败后，ValidationSummary 控件起到总结的作用。当 ShowMessageBox 属性为 True 时，弹出消息框，总结所有验证失败的错误提示信息。当 ShowSummary 属性为 True 时，在本页总结所有验证失败的错误提示信息。显示界面如图 5-14 所示。

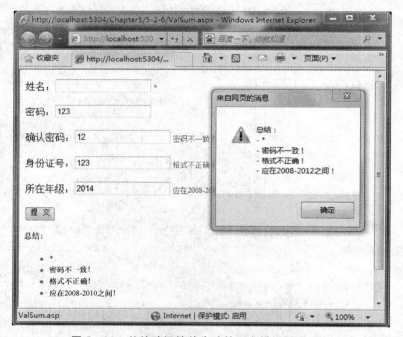

图 5-14　总结验证控件失败的所有错误提示信息

5.3　小　　结

本章主要介绍了 ASP.NET 中常用到的 RequiredFieldValidator、CompareValidator、RangeValidator、RegulerExpressionValidator、CustomValidator 和 ValidationSummary 6 种验证控件，通过举例，使读者理解并学会使用各种验证控件，进而能应用到网站中实现信息的基本验证。

对于同一个控件可以使用多个验证控件，以保证内容的正确性、完整性。但要注意，应用同一控件的验证控件对信息的限制不应起冲突。

5.4 课后习题

1. 简述客户端认证和服务端认证的区别。
2. 简述一下本章的 6 个验证控件的作用和适用范围。
3. 设计一个页面，使用属性 ValidationGroup 实现同一个页面的分组验证。
4. 设计一个注册用户页面，需要用到本章的至少 3 个验证控件（如密码与重复密码的比较、出生年月日的范围限定、电话号码的验证、邮箱验证等）。

第 6 章 网 站 导 航

通常在制作网站时，都会有一些页面的导航，方便用户在浏览网页的同时，知道当前身处该网站的哪一级中，方便快捷地查阅到相关的信息和资讯，这会使用户获得更好的使用体验。在 ASP.NET 中，使用站点地图文件和 SiteMapPath、TreeView、Menu 这 3 个导航控件，就可以简单实现功能丰富的站点导航，下面分别进行介绍。

6.1 定义网站地图

如果按照传统的方法即通过页面上散布的超链接方式实现，那样在页面移动或修改页面名称时，开发人员不得不进入页面逐个修改超链接，导航难度很大。所谓地图，即对已知区域的详细信息的描述，并且在特定载体上得以体现出来。平时见到的地区地图是对地域分布方位的描述，并且在地图上可见的区域都是被已知的，同理可以想象站点地图，它用来描述该网站下所有已知页面的位置信息，这些信息的载体就是一个站点地图文件。导航的管理变得十分简单。如果网站比较庞大，结构层次比较复杂，则可以采用多个地图文件综合的方法实现。下面首先介绍站点地图的内容格式。

站点地图是一个后缀名为 sitemap 的文件，本质上是一个 XML 文件，通常反映了网站的结构，称该文件为网站地图文件，文件中通过 <siteMapNode> 元素属性实现网页标题和 URL 的定义。首先，第一行是对文件的 XML 格式声明，并且说明编码规则；然后，根节点是一对 <siteMap></sitMap> 标签，在这对标签之内，是层叠的 <siteMapNode></siteMapNode> 节点标签。每一个节点有表 6-1 所列属性项。

表 6-1 网站节点属性表

属　性	描　述
Url	链接文件的地址
Title	在地图中显示该链接文件的标题
Description	对链接文件的描述
securityTrimmingEnabled	是否让 sitemap 支持安全特性
roles	哪些角色可以访问当前节点，多角色用逗号隔开（需要将 securityTrimmingEnabled 设置为 true）
siteMapFile	引用另一个 sitemap 文件

实例 6-1　站点地图的应用实例

结合本章内容的分布，建立如下网站结构，如图 6-1 所示。

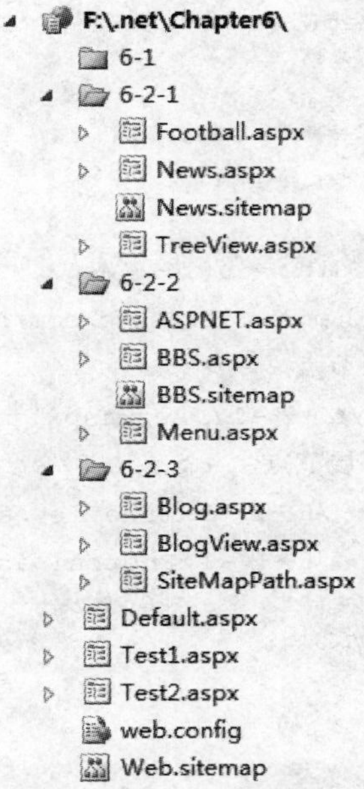

第6章 网站导航

```
▲ 📁 F:\.net\Chapter6\
    📁 6-1
  ▲ 📁 6-2-1
        ▷ 🗎 Football.aspx
        ▷ 🗎 News.aspx
          🗎 News.sitemap
        ▷ 🗎 TreeView.aspx
  ▲ 📁 6-2-2
        ▷ 🗎 ASPNET.aspx
        ▷ 🗎 BBS.aspx
          🗎 BBS.sitemap
        ▷ 🗎 Menu.aspx
  ▲ 📁 6-2-3
        ▷ 🗎 Blog.aspx
        ▷ 🗎 BlogView.aspx
        ▷ 🗎 SiteMapPath.aspx
    ▷ 🗎 Default.aspx
    ▷ 🗎 Test1.aspx
    ▷ 🗎 Test2.aspx
      🗎 web.config
      🗎 Web.sitemap
```

图 6-1 网站地图

网站首页是 Default.aspx，在根目录下建立第一级的站点地图文件 Web.sitemap（此文件最好使用默认的名称，以便 SiteMapDataSource 控件自动匹配）。存在 3 个子板块：分别是 6-2-1 的新闻板块、6-2-2 的 BBS 论坛板块和 6-2-3 的博客板块。如果在 Web.sitemap 文件中添加每个板块页面的位置信息，会使该文件十分庞大难以维护。所以，此处在 6-2-1 和 6-2-2 文件中单独添加了本级站点地图文件，而在 6-2-3 中没有单独添加站点地图。

Website.sitemap 的代码如下：

```xml
<?xml version="1.0" encoding="utf-8"?>
<!--根节点-->
<siteMap xmlns="http://schemas.microsoft.com/AspNet/SiteMap-File-1.0">
    <!--第一层节点-->
    <siteMapNode url="Default.aspx" title="首页">
        <!--第二层节点-->
        <siteMapNode url="Test1.aspx" title="Test1" />
        <siteMapNode url="Test2.aspx" title="Test2" />
        <siteMapNode url="~/6-2-3/Blog.aspx" title="博客首页">
            <!--第三层节点-->
            <siteMapNode url="~/6-2-3/SiteMapPath.aspx" title="SiteMapPath"/>
            <siteMapNode url="~/6-2-3/BlogView.aspx" title="博客版区" />
        </siteMapNode>
        <!--第二层引用节点-->
        <siteMapNode siteMapFile="~/6-2-1/News.sitemap"></siteMapNode>
```

```
            <siteMapNode siteMapFile="~/6-2-2/BBS.sitemap"></siteMapNode>
        </siteMapNode>
</siteMap>
```

News.sitemap 的代码如下：

```
<?xml version="1.0" encoding="utf-8"?>
<siteMap xmlns="http://schemas.microsoft.com/AspNet/SiteMap-File-1.0">
    <!--相对首页为第二层节点-->
    <siteMapNode url="~/6-2-1/News.aspx" title="新闻首页">
        <!--相对首页为第三层节点-->
        <siteMapNode url="~/6-2-1/TreeView.aspx" title="TreeView"/>
        <siteMapNode url="~/6-2-1/Footbal.aspx" title="足球新闻"/>
    </siteMapNode>
</siteMap>
```

BBS.sitemap 的代码如下：

```
<?xml version="1.0" encoding="utf-8"?>
<!--根节点-->
<siteMap xmlns="http://schemas.microsoft.com/AspNet/SiteMap-File-1.0">
    <!--相对首页为第二层节点-->
    <siteMapNode url="~/6-2-2/BBS.aspx" title="BBS首页">
        <!--相对首页为第三层节点-->
        <siteMapNode url="~/6-2-2/ASP.NET.aspx" title="ASP.NET 版区"/>
        <siteMapNode url="~/6-2-2/Menu.aspx" title="Menu 版区"/>
    </siteMapNode>
</siteMap>
```

6.2 导航控件

6.2.1 TreeView

树视图控件 TreeView 提供纵向用户界面以展开和折叠网页上的选定节点，以及为选定项提供复选框功能，并且 TreeView 控件支持数据绑定。

通常情况下，使用 TreeView 控件能够快速建立网站导航，并且能够调整相应的属性为导航控件进行自定义。在很多 Web 应用中，经常使用树结构提供的复选框功能实现特定的业务目标。TreeView 控件是由多个 TreeNode 节点以不同的层次结构组成，对节点进行操作控制，也就是对 TreeNode 的操作。节点分为根节点、父节点、子节点和叶节点，最上层的节点是根节点，可以有多个根节点，没有子节点的节点是叶节点。TreeView 控件常用属性和事件如表 6-2、表 6-3 和表 6-4 所示。

表6-2 TreeView控件常用属性表

属　性	描　述
ExpandDepth	TreeView控件展开的深度
Nodes	TreeNodeCollection类型的节点集合
SelectedNode	当前被选择的节点
ShowCheckBoxes	是否显示复选框
ShowExpandCollapse	声明展示/折叠状态
ShowLines	点间是否以线连接

表6-3 TreeNode节点的关键属性

属　性	描　述
Checked	标明节点上的复选框的选择状态
ImageUrl	标明节点上所用图片的URL路径
NavigateUrl	当单击节点时所要导航到的URL路径
SelectAction	无导航节点被单击时所要执行的动作
Selected	标明当前节点是否被选择的节点
ShowCheckBox	标明当前节点是否显示复选框
Text	节点上显示的文字

表6-4 TreeView控件常用事件

事件名	描　述
CheckChanged	复选框被选择或者清除选择时所触发
SelectedNodeChanged	选择的节点发生改变时所触发
TreeNodeCollapsed	当分支被折叠时所触发的事件
TreeNodeExpanded	当分支被展开时所触发的事件
TreeNodeDataBound	当节点被绑定到数据源时所触发的事件
TreeNodePopulate	当填充TreeNode时激发

　　了解了这些基本属性和事件之后，开发人员就可以在Web开发的具体过程中实现具体的功能。

　　6.1节中已经完成网站地图的构建。这里使用TreeView控件来绑定站点地图文件。要想绑定地图文件，还需要结合SiteMapDataSource控件，即站点地图的数据源控件，它不需要开发人员手动绑定数据源文件，这是因为该控件默认绑定的就是网站根目录下的Web.sitemap文件。

　　首先，在页面上拖动一个TreeView控件和SiteMapDataSource控件，然后使TreeView控件绑定SiteMapDataSource，浏览器中的运行效果如图6-2所示。当前页面为TreeView，在树中用阴影来显示。当树结构层次复杂时，可以通过设置ExpendDepth属性控制展开的层次。在默认情况下，全部展开。

图 6-2 TreeView 控件效果

树的数据源也可以从数据库中提取。如果数据比较复杂,一次加载所有数据会使页面加载速度变慢,则可在展开父节点时才加载子节点的内容。下面代码实现了这一功能。

```
string[][] arr = new string[][]
{
    new string[]{"第一章","1-1"},
    new string[]{"第二章","2-1","2-2"},
    new string[]{"第三章","3-1","3-2","3-3"}
};  //声明一个交错数组,并且赋值
protected void Page_Load(object sender, EventArgs e) //初始化时加载根节点
{
    if (! Page.IsPostBack)   //页面第一次加载时运行
    {
        TreeNode tn ;
        for (int i = 0; i < arr.Length ;i + + )   //循环数组中数组的个数,即数组的行数
        {
            tn= new TreeNode();         //节点实例化
            tn.Text = arr[i][0];        //节点 Text 属性赋值为第一个数组第一个值
            tn.Value = i.ToString();    //节点 Value 属性赋值为第几个数组,即第几行
            tn.Expanded = false;        //不展开节点
            tn.PopulateOnDemand = true; //允许动态增加节点
            TreeView1.Nodes.Add(tn);    //在树中增加该节点
        }
    }
}
```

```csharp
    //当单击展开时动态填充子节点
    protected void TreeView1_TreeNodePopulate(object sender, TreeNodeEventArgs e)
    {
        int index = Convert.ToInt32(e.Node.Value);    //获取单击的节点序号
        int k = arr[index].Length;                    //获取数组中第 index 行的列数
        for (int i = 1; i < k; i++)
        {
            TreeNode tn = new TreeNode();
            tn.Text = arr[index][i];
            tn.Value = i.ToString();
            e.Node.ChildNodes.Add(tn);                //在当前节点下添加子节点
        }
    }
```

> **注意**
>
> tn.Expanded = false 和 tn.PopulateOnDemand = true 必须设置，否则无法实现 TreeNodePopulate 事件对数据的异步加载。读者可以自己设置断点执行查看事件调用步骤。

上述代码首先定义了一个交错数组，用来存放节点数据。当页面初始化加载时，首先生成第一层节点。当单击展开按钮时，执行 TreeNodePopulate 事件，根据展开节点的 Value 值，查找数组中的数据，异步加载第二层节点。浏览器中执行效果如图 6-3 所示。

图 6-3 执行结果

合理使用 TreeView 控件能够实现很好的用户体验，包括各种图标样式，能够十分方便地实现复杂的逻辑业务功能。读者可以自己学习带 CheckBox 的 TreeView 控件，在 Web 开发中也会经常用到这一功能。另外，关于 TreeView 的一些第三方控件也很多，如 flytreeview 和 radtreeview 等控件，它们可以帮助开发人员绑定不同的数据源，或者实现 AJAX 刷新效果,以获得更好的用户使用体验。它们各有优劣,读者可以根据实际情况按需求进行选择。

6.2.2 Menu

Menu 菜单控件是 ASP.NET 提供给开发人员的另一个十分方便的导航菜单。当用户浏览网页时,一个漂亮实用的导航菜单也会给用户带来便捷有利的浏览体验。Menu 控件如同 TreeView 控件,也是由不同层次的节点组成,但每一个节点是一个 MenuItem。添加节点的方式和后台操作步骤也很类似。首先介绍常用的属性,如表 6-5 所示。

表 6-5 Menu 控件常用属性

属 性 名	描 述
Items	MenuItemCollection 类型的菜单项的集合
Orientation	标明菜单是纵向排列还是横向排列
SelectedItem	标明当前选择的菜单项
StaticStyle properties	标明静态菜单的样式
DynamicStyle properties	标明动态菜单的样式
StaticDisplayLevels	控制静态显示行为
MaximumDynamicDisplayLevels	指定在静态显示层后应显示的动态显示菜单节点层数

其中,需要重点说明的是最后两个属性,StaticDisplayLevels 属性指示从根菜单算起,静态显示的菜单的层数。例如,将 StaticDisplayLevels 设置为 3,菜单将以静态显示的方式展开其前三层。静态显示的最小层数为 1,如果将该值设置为 0 或负数,该控件将会引发异常。MaximumDynamicDisplayLevels 属性指定在静态显示层后应显示的动态显示菜单节点层数,例如,菜单有 3 个静态层和 2 个动态层,则菜单的前三层静态显示,后两层动态显示。如果将 MaximumDynamicDisplayLevels 设置为 0,则不会动态显示任何菜单节点;如果将 MaximumDynamicDisplayLevels 设置为负数,则会引发异常。

Menu 的常用事件比较少,因此它的动态控制也很有限,最常用的是当菜单项被单击时所触发的事件 MenuItemClick 和当菜单项被绑定到数据源时所触发的事件 MenuItemDataBound。

绑定 6.1 节写好的站点地图文件,运行效果如图 6-4 所示。

图 6-4 Menu 控件运行效果

单击不同的菜单项，会根据该项的 NavigateUrl 属性值跳转到相应的页面。

6.2.3 SiteMapPath

SiteMapPath 控件可以自动绑定网站地图，不需要数据源控件。使用时只需要将 SiteMapPath 控件添加到页面中就可以了。在 ASP.NET 中，开发人员只需要定义好 Web.sitemap 文件，直接拖动 SiteMapPath 控件到每一个页面。SiteMapPath 控件会根据当前页面的名称位置，在 Web.sitemap 文件中寻找相应的项。如果能够找到，则控件会显示相应路径，否则控件不显示任何内容。下面直接拖动该控件到一个页面，源代码参照 SiteMapPath.aspx 文件。浏览器中的运行效果如图 6-5 所示。

图 6-5 SiteMapPath 运行效果

鼠标移动到父节点上时，在浏览器可以看到父节点的 URL 地址，单击即可跳转到相应的页面。另外，有时开发人员需要获取当前 SiteMapPath 中的数据，动态地显示将要展示的页面内容，即希望当前 SiteMapPath 的显示修改为内容的标题，这时可以通过 SiteMap 和 SiteMapNode 类访问站点地图数据。在拥有 SiteMapPath 控件的页面，通过 SiteMap.CurrentNode.Title 语句便可获得当前页面的节点标题。下面代码动态修改了当前页面的节点标题。

```
protected void Page_Load(object sender, EventArgs e)
{
    //在 Page_Load 中注册 SiteMapResolve 事件给 SiteMap_SiteMapResolve 方法
    SiteMap.SiteMapResolve + = new SiteMapResolveEventHandler(SiteMap_SiteMapResolve);
}
SiteMapNode SiteMap_SiteMapResolve(object sender, SiteMapResolveEventArgs e)
{
    //生成一个 httpRequest 对象，并获取传递的 Class 参数值
    HttpRequest currRequest = System.Web.HttpContext.Current.Request;
    string _classQuerySteing = currRequest.QueryString["Class"];
    if (null! = _classQuerySteing)
    {
        /* SiteMap.CurrentNode 对象是 BBS.sitemap 文件的当前节点值。
        * 而 SiteMap.CurrentNode 对象在 SiteMap 类中只读，
```

```
         * 所以克隆一个 SiteMapNode, 并修改其对象的 Title 属性值。
         * /
        SiteMapNode currMapNode = SiteMap.CurrentNode.Clone(false);
        switch (_classQuerySteing)
        {
            case "java": currMapNode.Title = "Java 版区";break;
            case "csharp": currMapNode.Title = "C# 版区"; break;
            case "Cpp": currMapNode.Title = "C++ 版区"; break;
            default: currMapNode.Title = "无主题"; break;
        }
        return currMapNode;
    }
    else
    {
        return SiteMap.CurrentNode;
    }
}
```

上述代码首先在 BlogView.aspx.cs 页的 Page_Load 事件中注册一个可以执行代码的 SiteMapResolve 事件,当拥有 SitemapPath 控件的 BlogView.aspx.cs 页面加载时,就会执行 SiteMap_SiteMapResolve 方法。由于 SiteMap.CurrentNode 是只读的,所以要修改当前节点的标题必须先定义或克隆一个 SiteMapNode,根据获得的 Class 参数值,设置克隆节点的标题。最后返回这个节点,即可修改成功。浏览器中的运行效果如图 6-6 和图 6-7 所示。

图 6-6 参数运行效果 1

图 6-7 参数运行效果 2

从图 6-6 和图 6-7 中可以看到,同一个页面当 Class 参数不同时,当前节点的标题也随之修改了。

6.3 小　　结

虽然导航控件不是 Web 开发中必须用到的，但是合理地利用导航控件，会给浏览者带来更好的体验，也会使网站更加人性化。开发人员在网站开发的时候，可以通过使用导航控件来快速建立导航，为浏览者提供方便，也为网站做出信息指导。一般情况下，导航控件会放在母版页中使用，而不是在每一个单独的页面重复添加导航控件，这样会使开发效率大大提高。本书在第 8 章中将会介绍母版页，在学习母版页的时候读者还可以使用并回顾导航控件的使用。还应注意的是开发人员应该在合适的位置使用合适的导航控件，当然网络上也有很多样式美观、效果奇特的控件代码，在学习系统提供的控件的同时也应该更多关注网络上的东西，开阔眼界，提高技术。

6.4 课后习题

1. 网站导航有几种方式？
2. 如何解决复杂的网站的导航问题？试举例说明。
3. 简单阐述站点地图的基本样式。
4. 简单实现某一个复杂网站的 3 大板块区分问题，主要包括：BBS 论坛、留言板、签到系统，并用 TreeView 显示其树状结构。

第7章 用户控件

7.1 概述

用户控件是能够在其中放置标记和 Web 服务器控件的容器，可以将用户控件作为一个单元对待，为其定义属性和方法。用户控件可以实现内置 ASP.NET Web 服务器控件未提供的功能，而且可以提取多个网页中相同的用户界面来统一网页显示风格。

ASP.NET Web 用户控件与完整的 ASP.NET 网页（.aspx 文件）相似，同时具有用户界面页和代码页。可以采取与创建 ASP.NET 页相似的方式创建用户控件，向其中添加所需的标记和子控件。用户控件可以像页面一样包含对其内容进行操作（包括执行数据绑定等任务）的代码。

用户控件与 ASP.NET 网页有以下区别。

- 用户控件的文件扩展名为 .ascx。
- 用户控件中没有 @Page 指令，而是包含 @Control 指令，该指令对配置及其他属性进行定义。
- 用户控件不能作为独立文件运行。而必须像处理任何控件一样，将它们添加到 ASP.NET 页中。
- 用户控件中没有 html、body 或 form 元素。这些元素必须位于宿主页中。

虽然用户控件与 aspx 网页有着多个区别，但它们也有共同点，即可以在用户控件上使用与在 ASP.NET 网页上所用相同的 HTML 元素（html、body 或 form 元素除外）和 Web 控件。例如，要创建一个用作工具栏的用户控件，则可以将一系列 Button 服务器控件放在该用户控件上，并创建这些按钮的事件处理程序。

根据上述所说的用户控件和 ASP.NET 网页的区别和联系，可以将代码隐藏的 ASP.NET 网页转换为用户控件，方法如下。

（1）重命名 .aspx 文件扩展名为 .ascx。

（2）重命名代码隐藏文件使其文件扩展名为 .ascx.cs。

（3）打开代码隐藏文件，并将该文件继承的类从 Page 更改为 UserControl。

（4）在 .aspx 文件中，移除 <html>、<body> 和 <form> 元素；将 @Page 指令更改为 @Control 指令；移除 @Control 指令中除 Language、AutoEventWireup（如果存在）、CodeFile 和 Inherits 之外的所有属性；在 @Control 指令中，将 CodeFile 属性值更改为指向重命名后的代码隐藏文件名。

7.2 用户控件的创建

下面通过一个例子，了解用户控件的创建过程。例如，创建一个学生控件 StudentControl.ascx，输入"学号"、"姓名"、"性别"、"专业"，提交成功后有相关显示，并且要求学号有一定的输入范围要求，专业可读可写。

（1）添加新项，选择"Web 用户控件"，更名为 StudentControl.ascx，单击"确定"按钮，自动生成 StudentControl.ascx.cs 文件。

（2）在打开的 StudentControl.ascx 页中拖入控件，设计页面如图 7-1 所示。

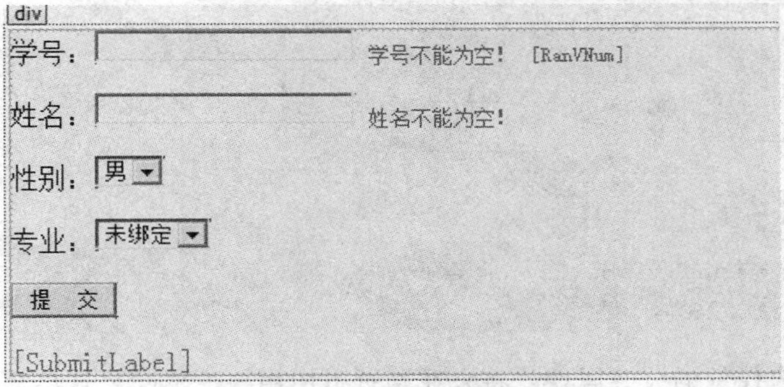

图 7-1 用户控件设计页面

设置控件属性，代码如下：

```
学号：<asp:TextBox ID ="Num" runat ="server"></asp:TextBox>
<asp:RequiredFieldValidator ID ="ReqFVNum" runat ="server" ErrorMessage ="学号不能为空!" ControlToValidate ="Num"
    Font - Size ="12px" ForeColor ="Red" Display ="Dynamic"></asp:RequiredFieldValidator>
<asp:RangeValidator ID ="RanVNum" runat ="server" ControlToValidate ="Num" MaximumValue =""
    MinimumValue ="" Font - Size ="12px" ForeColor ="Red" Display ="Static">
</asp:RangeValidator>
<br />
<br />
姓名：<asp:TextBox ID ="Name" runat ="server"></asp:TextBox>
<asp:RequiredFieldValidator ID ="ReqFVName" runat ="server" ErrorMessage ="姓名不能为空!"
    ControlToValidate ="Name" Font - Size ="12px" ForeColor ="Red" Display ="Static"></asp:RequiredFieldValidator>
<br />
<br />
```

```
性别：<asp:DropDownList ID ="SexDropDownList" runat ="server" AutoPostBack ="
True">
    <asp:ListItem>男</asp:ListItem>
    <asp:ListItem>女</asp:ListItem>
</asp:DropDownList>
<br />
<br />
专业：<asp:DropDownList ID ="SubjectDropDownList" runat ="server" AutoPostBack
="True">
</asp:DropDownList>
<br />
<br />
<asp:Button ID ="SubmitButton" runat ="server" Text ="提  交" OnClick ="Submit-
Button_Click" />
<br />
<br />
<asp:Label ID ="SubmitLabel" runat ="server" Text ="" Font-Size ="16px" ForeCol-
or ="Gray"></asp:Label>
```

(3) 添加用户控件的公共属性，将来在网页引用用户控件时，这些属性将会显示在属性框中。该用户控件添加 3 个属性，分别代表学号最小范围和最大范围，以及专业的公共属性，StudentControl.ascx.cs 代码如下：

```
using System.Collections;

public partial class _7_2_1_StudentControl : System.Web.UI.UserControl
{
    //添加用户控件的公共属性
    private string _NumMaximumValue;
    private string _NumMinimumValue;
    private ArrayList _SubjectDropDownListListItemText;
    public string NumMaximumValue
    {
        get
        {
            return _NumMaximumValue;
        }
        set
        {
            _NumMaximumValue = value;
        }
    }
    public string NumMinimumValue
```

```csharp
{
    get
    {
        return _NumMinimumValue;
    }
    set
    {
        _NumMinimumValue = value;
    }
}
public ArrayList SubjectDropDownListListItemText
{
    get
    {
        return _SubjectDropDownListListItemText;
    }
    set
    {
        _SubjectDropDownListListItemText = value;
    }
}

protected void Page_Load(object sender, EventArgs e)
{
    RanVNum.MaximumValue = this.NumMaximumValue;
    RanVNum.MinimumValue = this.NumMinimumValue;
    SubjectDropDownList.DataSource = this.SubjectDropDownListListItemText;
    SubjectDropDownList.DataBind();
    RanVNum.ErrorMessage = "学号的范围应该在" + RanVNum.MinimumValue.ToString() +"-"+ RanVNum.MaximumValue.ToString() +"之间";
}
protected void SubmitButton_Click(object sender, EventArgs e)
{
    if (Page.IsValid)
    {
        SubmitLabel.Text = "您的学号是：" + Num.Text + "</br>" +
                           "您的姓名是：" + Name.Text + "</br>" +
                           "您的性别是：" +
SexDropDownList.SelectedItem.ToString() + "</br>" + "您的专业是：" + SubjectDropDownList.SelectedItem.ToString();
    }
}
```

该控件经过 3 步即可实现创建，但创建完后的用户控件不能和 aspx 文件一样通过浏览器直接运行获得结果，在 7.3 节中将介绍用户控件的使用方法。

7.3 用户控件的使用

用户控件也是控件，可以重复调用，在 7.2 节创建的用户控件的基础上，来学习如何使用用户控件。首先，需要注册用户控件，有以下两种方法。

一是在 Web 配置文件中注册用户控件，代码如下：

```
<configuration>
   <system.web>
      <pages>
         <controls>
            <add src="~/7-2-1/StudentControl.ascx" tagName="StudentControl" tagPrefix="asc"/>
         </controls>
      </pages>
   </system.web>
</configuration>
```

二是在要使用控件的网页中通过 <% @ Register % > 指令注册用户控件，代码如下：

```
<% @ Register Src="~/7-2-1/StudentControl.ascx" TagName="StudentControl" TagPrefix="asc" %>
```

两者的区别在于：第一种方法应用于所有网页，即网站中所有网页均可以用该用户控件；第二种方法是对单页使用该用户控件，其他网页不受影响。

例如，新建网页 ShowStudentControl.aspx，然后在解决资源管理器中拖动 StudentControl.ascx 文件到该网页中相应的位置。在 ShowStudentControl.aspx.cs 页中增加如下代码：

```
using System.Collections;
   protected void Page_Load(object sender, EventArgs e)
   {
      if (!IsPostBack)
      {
         //给 ShowStudentControl 用户控件的 SubjectDropDownListListItemText 属性赋值
         ArrayList a = new ArrayList();
         a.Add("物理");
         a.Add("数学");
         a.Add("计算机");
         ShowStudentControl.SubjectDropDownListListItemText = a;
      }
   }
```

运行后的网页如图 7-2 至图 7-5 所示。

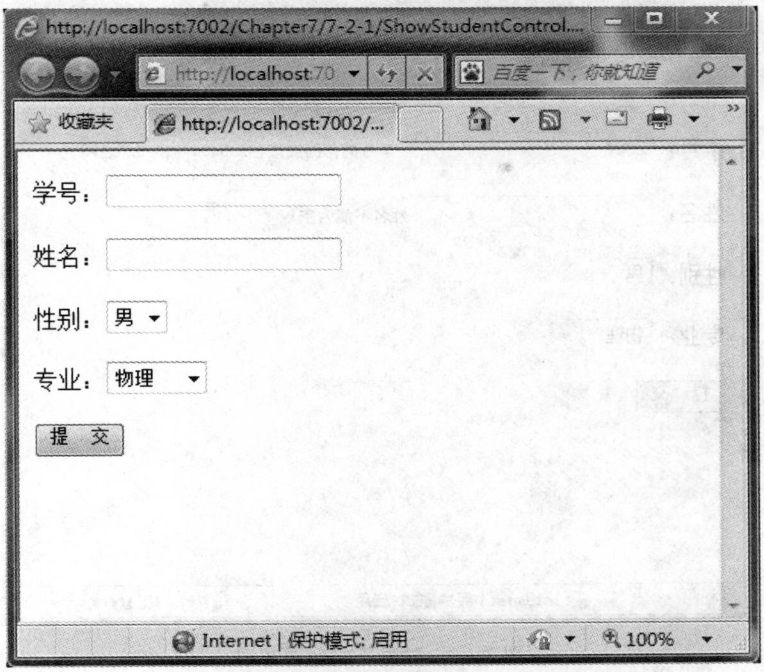

图 7-2　打开网页

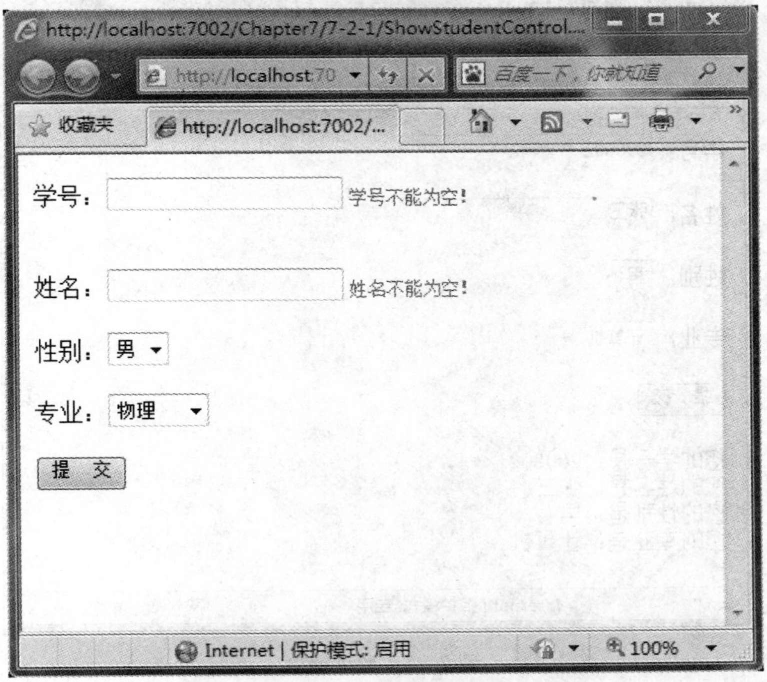

图 7-3　学号和姓名为空时

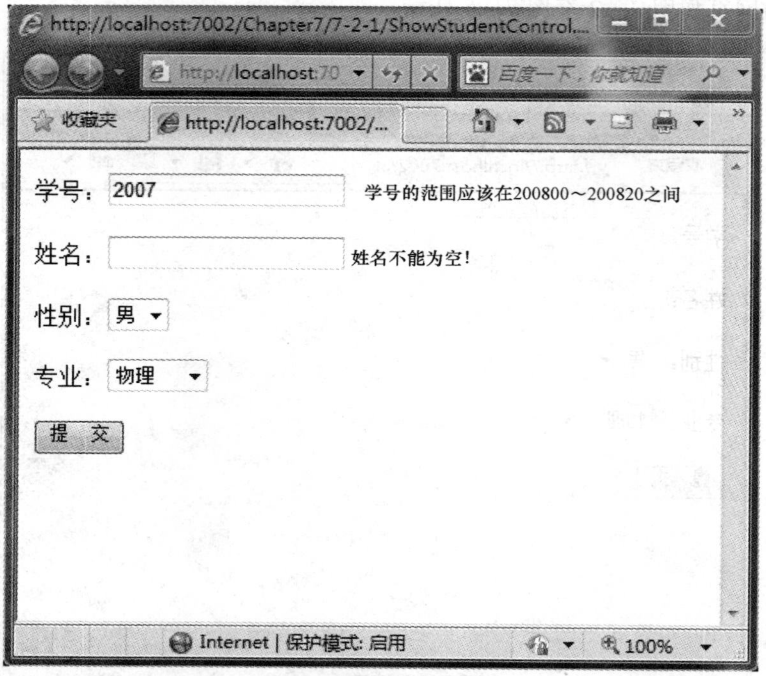

图 7-4　学号不符合要求时

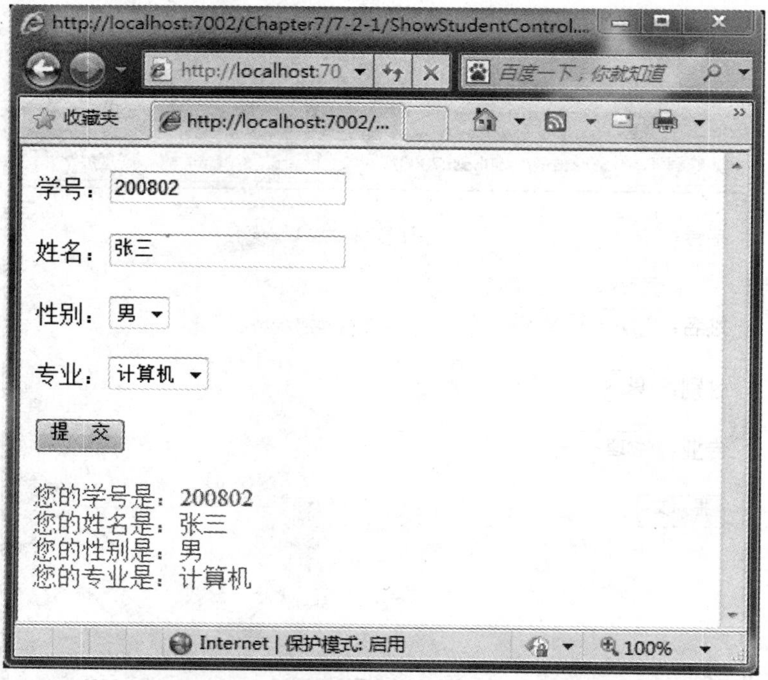

图 7-5　验证通过

7.4 小 结

本章主要介绍了用户控件的基础知识，包括用户控件的创建和如何在网页中注册用户控件，同时介绍了创建用户控件的公共属性。

需要重点注意的是，如何使用户控件中添加的控件的属性成为用户控件的属性，方便用户更改使用。另外还需注意的是，在网页注册用户控件时的 <% @ Register %> 指令的引用。

学会创建用户控件，方便设计者创建属于自己的个性化控件，同时在多个网页都需要使用相同的多个控件时，将这几个控件创建成用户控件，便于统一管理，使页面简洁统一。

7.5 课后习题

1. 怎样理解用户控件和 ASP.NET 网页的区别和联系？
2. 简单介绍注册用户控件的几种方式和它们之间有什么不同。
3. 设计一个用户注册的 .ascx 文件，需要用到验证控件和用户添加的公共属性类，最后在 .aspx 页面中调用，调试后完成注册页面的相关功能（注册页面内容：用户名、密码、性别、年龄、学历等）。

第 8 章 主题和母版

8.1 主 题

在 Web 应用程序中,通常所有的页面都有统一的外观和操作方式。ASP.NET 通过应用主题,来提供统一的外观。每个主题都是 App_Themes 文件夹的一个不同子文件夹,该文件夹中主要包括:外观文件、级联样式表(CSS)文件、图像和其他资源。主题可以包括多个外观文件和多个级联样式表,但是至少必须有一个外观文件。

8.1.1 主题的创建

创建主题即创建外观文件或者 .css 等文件。

下面以创建红色主题 Red 为例进行讲解。其操作步骤如下。

(1)添加主题文件夹。在项目右键菜单上选择"添加 ASP.NET 文件夹",然后选择"主题"命令,并命名文件夹名为 Red,如图 8-1 所示。

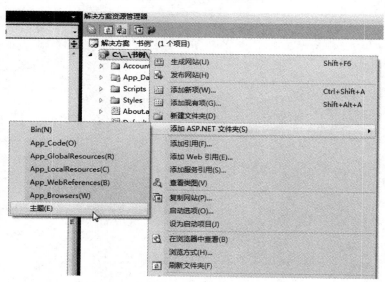

图 8-1 添加主题

(2)添加外观文件。在 Red 主题文件夹右键菜单上选择"添加新项",选择"外观文件",重命名为 Red.skin,如图 8-2 所示,在打开的 Red.skin 文件中为控件添加外观属性。

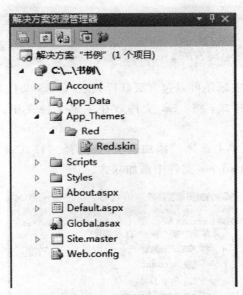

图 8-2 添加外观文件

外观文件默认代码如下。

```
<%--
默认的外观模板。以下外观仅作为示例提供。
```

（1）命名的控件外观。SkinId 的定义应唯一，因为在同一主题中不允许一个控件类型有重复的 SkinId。如下所示。

```
<asp:GridView runat="server" SkinId="gridviewSkin" BackColor="White">
    <AlternatingRowStyle BackColor="Blue" />
</asp:GridView>
```

（2）默认外观。未定义 SkinId。在同一主题中每个控件类型只允许有一个默认的控件外观。

```
<asp:Image runat="server" ImageUrl="~/images/image1.jpg" />
--%>
```

对于外观文件，有两种类型的控件外观："默认外观"和"已命名外观"。当网站或页面应用主题时，"默认外观"自动应用于同一类型的所有控件。设置了 SkinID 属性的控件外观，属于"已命名外观"，"已命名外观"不会自动按类型应用于控件，而应当通过设置控件的 SkinID 属性将"已命名外观"显式应用于控件。通过创建"已命名外观"，可以为应用程序中同一控件的不同实例设置不同的外观。

在一个主题中，每一个控件只能有一个"默认外观"，而"已命名外观"可以有多个，但每个"已命名外观"的名称必须唯一。

在本例中，修改外观文件如下。

```
<asp:Label runat ="server" ForeColor ="Red" />
<asp:TextBox runat ="server" ForeColor ="Red" />
<asp:Button runat ="server" ForeColor ="Red" />
```

（3）添加 css 文件。主题还可以包含级联样式表（.css 文件），用来控制页面上 HTML 元素和 ASP.NET 控件的样式。将.css 文件放在主题文件夹中，在调用主题时自动应用.css 文件。

在主题文件夹右键菜单上选择"添加新项"，选择"样式表"，重命名为 Red.css，如图 8-3 所示，在打开的 Red.css 文件中添加样式。

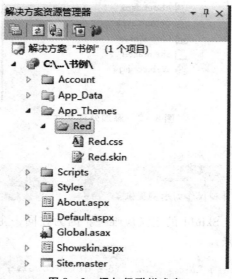

图 8-3　添加级联样式表

Red.css 文件代码如下。

```
html
{
    background-color:#f6e2e2;
    font-size:14px;
}
p
{
    font-weight:bold;
    font-size:12px;
    line-height:10px;
}
```

（4）添加图片文件到主题。通常在 App_Themes 文件夹中创建 Images 文件夹，再添加合适的图片文件到 Images 文件夹中，如图 8-4 所示。要使用 Images 文件夹中的图片文件，可以通过控件的相关链接图片文件的 Url 属性进行访问。

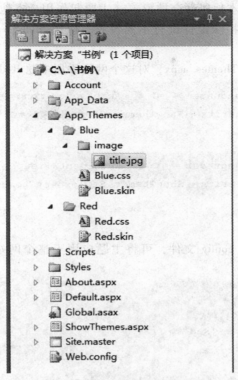

图 8-4 添加图片文件到主题文件夹

8.1.2 主题的应用

自己定义或从网上下载主题后,就可以在 Web 应用程序中使用主题了。主题可以应用到不同的地方,主要有以下几种方式。

- 可以在单个网页中应用主题。
- 可以在网站中应用主题。
- 可以在网站部分网页中应用主题。
- 可以部分禁用主题。

1. 对单个网页应用主题

可以使用 Theme 或 StylesheetTheme 属性引用主题,格式如下。

```
<%@ Page Theme ="ThemeName"%>
<%@ Page StylesheetTheme ="ThemeName"%>
```

注意,应用主题针对于 skin 文件起作用,对 .css 文件不起作用,同时 Tememe 和 StylesheetTheme 是有区别的,主要区别如下。

(1) 属性 StylesheetTheme 表示主题为本地控件的从属设置。也就是说,如果在页面上为某个控件设置了本地属性,则主题中与控件本地属性相同的属性将不起作用。此属性也可以使主题在不同的页面上产生一致的外观。

（2）属性 Theme 表示本地属性会被覆盖（主题起作用，本地属性不起作用）。若希望对整体应用主题，但要对特殊控件进行不同设置，应用 StyleSheetTheme 属性是比较好的选择。

例如，新建网页 ShowThemes.aspx，对这个网页添加主题 Red，实现代码如下。

```
<%@ Page Language="C#" AutoEventWireup="true" CodeFile="ShowThemes.aspx.cs" Inherits="ShowThemes" Theme="Red"%>
```

或者是：

```
<%@ Page Language="C#" AutoEventWireup="true" CodeFile="ShowThemes.aspx.cs" Inherits="ShowThemes" StylesheetTheme="Red"%>
```

2. 对网站应用主题

修改应用程序的 Web.config 文件，可将主题应用于整个网站。在 Web.config 配置文件中添加如下代码。

```
<configuration>
    <system.web>
        <pages theme="Red"/>
    </system.web>
</configuration>
```

Theme 属性赋值为要应用的主题名，这样网站的所有网页中均应用主题。

3. 网站部分页面应用主题

可以将要应用主题的页面与它们自己的 Web.config 文件放在一个文件夹中。然后在根 Web.config 文件中创建一个 <location> 元素以指定文件夹。例如，以下代码为子文件夹 sub1 设置了主题。

```
<configuration>
  <location path="sub1">
      <system.web>
        <pages theme="ThemeName(主题名)"/>
      </system.web>
  </location>
</configuration>
```

4. 禁用主题

可以禁用特定网页的主题，也可以禁用特定控件的主题，都是设置 EnableTheming 属性，只是该属性所在位置不同，页面禁用主题为以下代码。

```
<%@ Page Language="C#" AutoEventWireup="true" CodeFile="ShowThemes.aspx.cs" Inherits="ShowThemes" EnableTheming="false"%>
```

而具体的控件禁用主题为以下代码。

```
< asp:Button ID ="Button1" runat ="server" Text ="Button" EnableTheming ="false"/ >
```

8.1.3 动态应用主题实例

本实例实现为 ShowThemes.aspx 页动态应用主题，当选择不同的主题后，页面中的控件将呈现不同的外貌，步骤如下。

（1）创建主题 Red 和 Blue，分别创建外观文件和级联样式表，如图 8-5 所示。

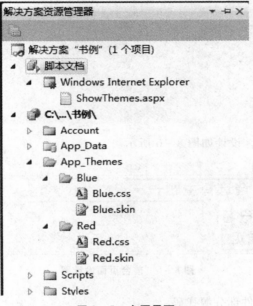

图 8-5 主题界面

Red.skin 文件代码：

```
< asp:Label runat ="server" ForeColor ="Red"/ >
```

Blue.skin 文件代码：

```
< asp:Label runat ="server" ForeColor ="Blue"/ >
```

Red.css 文件代码：

```
html
{
    background - color:#f6e2e2;
}
p
{
```

```
       font-weight:bold;
       font-size:12px;
       color:Red;
   }
```

Blue.css 文件代码：

```
html
{
    background-color:#cacef2;

}
p
{
    font-weight:normal;
    font-size:20px;
    color:Blue;

}
```

（2）新建 Web 页面，设计如图 8-6 所示。

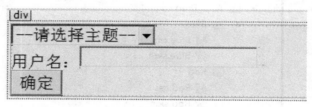

图 8-6　前台页面设计图

ShowThemes.aspx 文件部分源代码：

```
   <div>
         <asp:DropDownList ID="ddlThemes" runat="server" AutoPostBack="True" Style="font-size: large">
             <asp:ListItem Value="0">--请选择主题--</asp:ListItem>
             <asp:ListItem>Blue</asp:ListItem>
             <asp:ListItem>Red</asp:ListItem>
         </asp:DropDownList>
         <br />
         <asp:Label ID="Label1" runat="server" Style="font-size: large" Text="用户名："></asp:Label>
         <asp:TextBox ID="TextBox1" runat="server" Style="font-size: large"></asp:TextBox>
         <br />
         <asp:Button ID="Button1" runat="server" Style="font-size: large" Text="确定" />
   </div>
```

(3) 给"确定"按钮编写后台代码如下。

```
protected void Page_PreInit(object sender, EventArgs e)
{
    //当选择ddlThemes下拉列表框中的选项时设置页面主题
    if (Request["ddlThemes"] ! = "0")
    {
        Page.Theme = Request["ddlThemes"];
    }
}
```

> **注意**
> 属性Page.Theme只能而且必须在Page_PreInit事件中设置。

8.1.4 主题应用注意事项

1. 主题可能引起安全问题

- 改变控件行为
- 插入客户端脚本
- 改变验证
- 公开敏感信息

2. 缓解措施

- 只允许受信任的用户写入
- 不使用未知信任的主题
- 不要在数据库中公开主题名称

8.2 母　　版

8.2.1 创建母版页

1. 母版概述

在网站页面设计中，母版发挥着重要作用。使用母版页可以使多个页面公用相同的内容，可以创建通用的页面布局，防止各个页面相同部分出现差异而影响页面美观，同时使用母版页可以减少页面加载时间。一般地，页头、页尾、导航条等都加在母版页中，以减少加载时间，提高浏览网站的速度，且便于维护和管理，大大提高了设计效率。

2. 创建母版页

网站母版页是扩展名为.master的文件。在项目右键菜单上选择"添加新项"，然后选择"母版页"项,可更改该母版页的名称,然后单击"添加"按钮创建,创建完成后如图8-7所示。

图8-7 创建母版页

在已打开的母版页中,可看到以下代码。

```
<%@ Master Language="C#" AutoEventWireup="true" CodeFile="MasterPage.master.cs" Inherits="MasterPage" %>
<!DOCTYPE html PUBLIC "-//W3C//DTD XHTML 1.0 Transitional//EN" "http://www.w3.org/TR/xhtml1/DTD/xhtml1-transitional.dtd">
<html xmlns="http://www.w3.org/1999/xhtml">
<head runat="server">
    <title></title>
    <asp:ContentPlaceHolder id="head" runat="server">
    </asp:ContentPlaceHolder>
</head>
<body>
  <form id="form1" runat="server">
  <div>
      <asp:ContentPlaceHolder id="ContentPlaceHolder1" runat="server">
      </asp:ContentPlaceHolder>
  </div>
  </form>
</body>
</html>
```

其中，<%@ Master% >为母版页指令识别标志，该指令替换了用于普通.aspx页的@Page指令。它可以包括静态文本、HTML元素和服务器控件的预定义布局。除Master指令外，母版页还包含页的所有顶级HTML元素，如html、head和form。可以在母版页中使用任何HTML元素和ASP.NET元素。母版页还包括一个或多个ContentPlaceHolder控件，这些占位符控件用来定义可替换内容出现的区域。

8.2.2 创建内容页

新建一个页面UseMaster.aspx，应用母版页。在项目右键菜单中选择"添加新项"，然后选择"Web窗体"项，更改名称为UseMaster.aspx，然后选中窗口右下角的"选择母版页"复选框，如图8-8所示。单击"添加"按钮，选择应用的母版。

图8-8 创建应用母版页的网页

创建后的网页代码如下。

```
<%@ Page Title="" Language="C#" MasterPageFile="~/MasterPage.master" AutoEventWireup="true" CodeFile="UseMaster.aspx.cs" Inherits="UseMaster" %>

<asp:Content ID="Content1" ContentPlaceHolderID="head" Runat="Server">
</asp:Content>
<asp:Content ID="Content2" ContentPlaceHolderID="ContentPlaceHolder1" Runat="Server">
</asp:Content>
```

通过MasterPageFile="~/MasterPage.master"应用母版页，其中的两个控件分别和母版页中的ContentPlaceHolder控件对应，母版页合并到内容页，而各个Content控件的内容合并到母版页中相应ContentPlaceHolder控件中。

> **注意**
>
> 母版中使用相对 URL 时，若使用 ASP.NET 控件，相对 URL 会被解析为相对于母版页的 URL；但若使用 HTML 标签（如 <img> <a>），使用中的 URL 为相对于内容页的 URL。所以，一般使用母版页时需要使用 ASP.NET 控件，或者将 URL 改为绝对地址。

8.3 小 结

本章介绍了 ASP.NET 4.0 中的主题和母版，以及利用这些技术创建既具备统一风格又不失个性的网站。

主题是通过外观文件、CSS 文件和图片文件为 ASP.NET 中的服务控件提供一致的外观。主题可分为全局主题和应用程序主体，全局主题可用于 Web 服务器上任意的程序，而应用程序主体用于单个的 Web 应用程序。主题对应一个主题文件夹，必须放在 ASP.NET 专用的文件夹 App_Themes 中。

利用母版可以方便快捷地建立统一风格的 ASP.NET 网站，非常易于管理员的管理和维护，大大提高了设计效率。在使用时，利用母版页进行整体布局，结合内容页组合输出。熟练掌握主题和母版技术，对于提高开发效率、降低网站维护工作量有很大的作用。

8.4 课后习题

1. 阐述应用主题的好处。
2. 简单概括包含 ASP.NET 母版页的页面运行的过程。
3. 在一个项目中设计多个主题，并通过用户选择的方式来选择自定义好的主题。
4. 设计一个母版页，并将该母版页应用到建设的网站中。

第 9 章　数据库技术

数据库（DataBase，简称 DB）是一个长期存储在计算机内的、有组织的、有共享的、统一管理的数据集合。它是一个按数据结构来存储和管理数据的计算机软件系统。在网站的开发过程中，如何存取数据库是最常用的技术。

.NET Framework 提供了多种存取数据库的方式。在 ASP.NET 中，主要使用 ADO 技术访问数据。

ADO.NET 提供了用于完成如数据库链接、查询数据库、插入数据、删除数据和更新数据等操作的对象。主要包括以下 5 个对象。

- Connection 对象：用来连接数据库。
- Command 对象：用来对数据库执行 SQL 命令。
- DataReader 对象：用来从数据库返回只读数据。
- DataAdapter 对象：用来从数据库返回数据，并填充到 DataSet 对象中。
- DataSet 对象：可以看作是内存中的数据库。DataAdapter 对象将数据库中的数据送到该对象后，就可以进行各种数据操作，最后再利用 DataAdapter 对象将更新反映到数据库中。

这 5 个对象提供了两种读取数据库的方式。

（1）利用 Connection、Command 和 DataReader 对象，这种方式只能读取数据库。

（2）利用 Connection、Command、DataAdapter 和 DataSet 对象，这种方式可以对数据库进行各种操作。

9.1　建立 SQL Server Express 数据库

SQL Server Express 是 SQL Server 系列中的精简版，允许无偿获取并免费再分发，同时对系统配置的要求相对比较低，非常适合于中小型企业的开发应用。SQL Server Express 与 ASP.NET 紧密集成，在安装 Visual Studio 2010 时，与 ASP.NET 一同安装。这样用户就可以在 Visual Studio 2010 软件环境中创建并管理数据库。

要在 Visual Studio 2010 开发环境中创建 SQL Server Express 数据库，可以在"解决方案资源管理器"中右击 App_Data 文件夹，在弹出的右键菜单中选择"添加新项"命令，选择"SQL Server 数据库"模版，单击"添加"按钮即可新建数据库。下面的具体过程需要利用 Visual Studio 2010 中"服务器资源管理器"管理 SQL Server Express 数据库。

如图 9-1 所示，在"服务器资源管理器"中展开相应的数据库目录后，右击"表"，在弹出的菜单中选择"添加新表"命令，即可建立数据表的结构。如图 9-2 所示，右击相应的数据表，在弹出的菜单中选择"显示表数据"命令，即可显示和修改表中记录。

图 9-1 添加新表界面

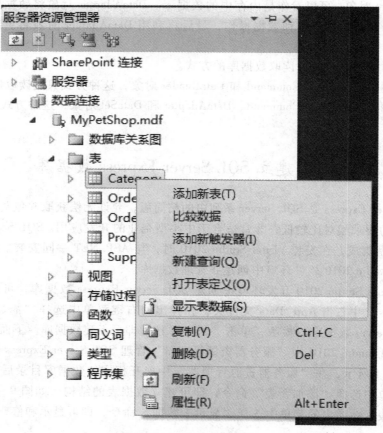

图 9-2 显示表数据界面

9.2 基本 SQL 语句

在 SQL Server Express 中创建完数据库后,完全也可以使用 SQL Server Express 继续管理和操作数据库,让其自动生成 SQL 语句,但有时需要细节修改,需要对基本 SQL 语句有一定的书写处理能力,下面介绍 SQL 的几个基本语句。

假定已创建名为 st_information 的数据库,其中包含一个名为 student 的数据表,表中包含学号(id)、姓名(name)和年龄(age)3 个字段。

9.2.1 SELECT 查询语句

SELECT 语句是 SQL 语句中最常用的语句之一,用于从数据库中按照所给条件返回数据。

SELECT 语句的完整语法为:

```
SELECT[ALL|DISTINCT|DISTINCTROW|TOP] {* |[ field1,field2]} FROM tableName
[WHERE...]
[GROUP BY...]
[HAVING...]
[ORDER BY...]
```

示例 1:检索 student 表中的所有数据。

```
SELECT * FROM student;
```

示例 2:明确地指定希望得到的一列或多列。例如,如果只选择学生名,提交下列语句。

```
SELECT name FROM student;
```

示例 3:如果所要选择的数据不止一列,可用逗号分隔多个列名,下面的语句查询学生的姓名和年龄。

```
SELECT name, age FROM student;
```

示例 4:选择 student 表中前 5 条记录。

```
SELECT top 5 * FROM student;
```

示例 5:查询所有张姓的学生姓名。

```
SELECT name FROM student WHERE name LIKE '张%';
```

示例 6:按姓名先后顺序得到学生信息。

```
SELECT * FROM student ORDER BY name;
```

默认情况下，ORDER BY 按升序给出结果，如果想按降序得到结果，可以使用 DESC 关键字。

9.2.2 INSERT 语句

INSERT 语句用于向表中添加新的记录，语法为：

```
INSERT INTO 表名(列1,列2,…) VALUES (值1,值2,…);
```

示例1：向 student 表中添加一个学生记录 John。

```
INSERT INTO student VALUES(10,'John',26);
```

示例2：向 student 表中添加一个学生记录 Tom，但只添加 id 和 name 列的值。

```
INSERT INTO student(id, name) VALUES(11,'Tom');
```

9.2.3 UPDATE 语句

UPDATE 语句用于修改数据库中已经存在的记录，格式如下：

```
UPDATE 表名   SET 列名1＝新值1,列名2＝新值2,…[WHERE 条件子句]
```

示例：将每个学生的年龄都加1。

```
UPDATE student SET age = age +1
```

9.2.4 DELETE 语句

DELETE 语句用于删除一个表中现有的记录，格式如下：

```
DELETE FROM 表名 [WHERE 条件]
```

WHERE 子句是可选的，指定所要删除的记录。如果不指定，表中的每个记录都被删除。

示例：删除姓"李"的学生。

```
DELETE FROM student WHERE name LIKE '李%'
```

9.2.5 存储过程

存储过程是一组为了完成特定功能的 SQL 语句集。存储过程只在创建时进行编译，以后每次执行存储过程都不需再重新编译，而一般 SQL 语句每执行一次就编译一次，所以使用存储过程可提高数据库执行速度。并且存储过程可以重复使用，可减少数据库开发人员的工作量。存储过程的格式为：

```
CREATE PROCEDURE 存储过程名[（参数1,…参数1024)] AS 程序行
```

其中，存储过程名不能超过 128 个字。每个存储过程中最多设定 1024 个参数（SQL Server 7.0 以上版本），参数的使用方法如下。

```
@ 参数名 数据类型 ［OUTPUT］
```

每个参数名前要有一个"@"符号，每一个存储过程的参数仅为该程序内部使用，参数的类型除了 IMAGE 外，其他 SQL Server 所支持的数据类型都可使用。

［OUTPUT］是用来指定该参数既有输入又有输出值的，也就是在调用了这个存储过程时，如果所指定的参数值是需要输入的参数，同时也需要在结果中输出的，则该项必须为 OUTPUT，而如果只是做输出参数用，可以用 CURSOR。

示例：根据学号返回学生的姓名。

```
CREATE PROCEDURE GetSNameById @ id int
AS
SELECT Name FROM student WHERE id = @ id
```

9.3 数据源控件和数据绑定控件

数据源控件主要用于实现从不同数据源获取数据的功能，通过数据源控件中定义的各种事件，可以实现 Select、Insert、Delete 和 Update 等数据操作，如数据插入操作就有 Insert() 方法、还有 Inserting 和 Inserted 事件。本章主要介绍常用的 SqlDataSource 数据源控件。SqlDataSource 控件可以用来访问 Access、SQL Server、SQL Server Express、Oracle、ODBC 数据源和 OLEDB 数据源。使用 SqlDataSource 连接数据源不需要编写代码，只需按"配置数据源"向导逐步设置就可以了。

数据绑定控件是指能够支持数据库集合数据显示的控件，只要能够支持集合的控件，都可以作为数据绑定的控件，具体如图 9-3 所示。

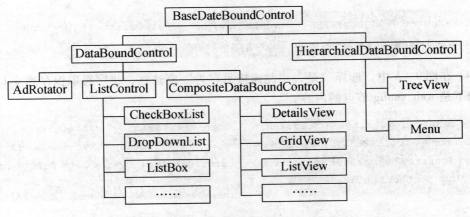

图 9-3 数据绑定控件

其中 GridView 控件用于显示二维表格式的数据，可以在不编写任何代码仅设置属性的情况下，实现数据绑定、分页、排序、行选择、更新、删除等功能。

下面通过具体实例来讲解用数据源控件结合数据绑定控件实现数据操作。

实例 9-1 DropDownList 和 SqlDataSource **结合显示数据**

（1）在视图页面添加一个 SqlDataSource 控件和一个 DropDownList 控件。

（2）单击 SqlDataSource 控件的智能标记，选择"配置数据源的设置"，启动"配置数据源"向导，界面如图 9-4 所示。

（3）在图 9-4 中，下拉列表会显示出存储在 App_Data 文件中的数据库名和存储在 web.config 文件的 <connectionStrings> 配置节点中的数据库连接名，选择数据库连接名或数据连接名后，展开"连接字符串"可以看到连接信息。连接字符串包括数据库信息和身份验证信息。例如，使用在 web.config 文件中连接字符串的格式如下。

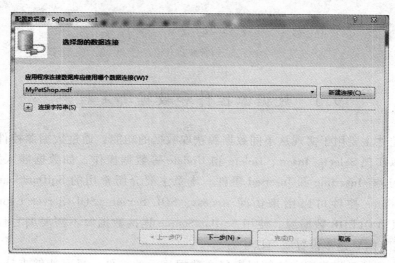

图 9-4 选择数据连接界面

```
DataSource =.\SQLEXPRESS;AttachDbFilename = |DataDirectory|\MyPetShop.mdf;
Integrated Security = True;User Instance = True
```

（4）在图 9-5 中，选择"是，将此连接另存为"复选框，将字符串保存到 web.config 中。如下是 web.config 节点的内容。

```
<connectionStrings><add name ="ConnectiongString" connectionString ="
DataSource = .\SQLEXPRESS;AttachDbFilename = |DataDirectory|\MyPetShop.mdf;Integrated Security = True;User Instance = True" providerName ="System.Data.SqlClient">
</connectionStrings>
```

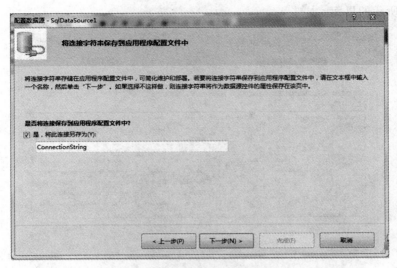

图9-5 保存连接字符串界面

此时，在 SqlDataSource 控件的定义中写成如下格式：

```
<asp:SqlDataSource ID="SqlDataSource1" runat="server" ConnectionString="
<% MYM ConnectionStrings:ConnectionString% >" SelectCommand="SELECT * FROM
[Product]">
</asp:SqlDataSource>
```

(5) 单击图9-5中的"下一步"按钮，然后出现图9-6所示的界面，按照要求配置 SQL 语句。可以根据实际需要选择数据库中的表以及要选择的表的列内容。

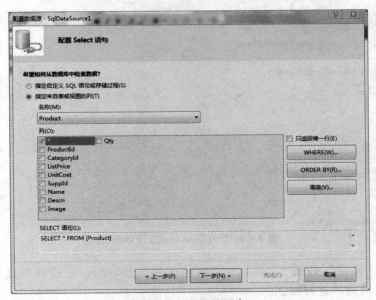

图9-6 配置数据表

(6) 单击图9-6的"下一步"按钮，在出现的对话框中选择"测试查询"，就会呈现如图9-7所示的界面。

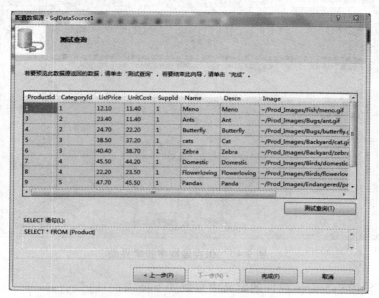

图9-7 查询测试

（7）添加 DropDownList 控件的智能标记，打开"选择数据源"下拉列表，选择要展示的数据源和在 DropDownList 控件中要显实的数据，如图9-8所示。

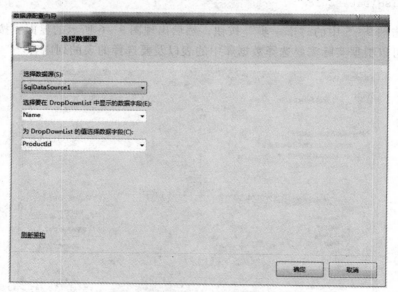

图9-8 DropDownList 选择数据源

（8）单击"确定"按钮，DropDownList 控件和 SqlDataSource 控件的显示数据绑定完成，按 F5 键，对网站进行调试。

实例9-2 实现 SqlDataSource 控件的参数绑定

操作步骤如下。

(1)在新建页面上添加一个 RadioButtonList、一个 ListBox 和两个 SqlDataSource 控件。
(2)配置 SqlDataSource1 控件绑定所需数据表如图 9-9 所示。

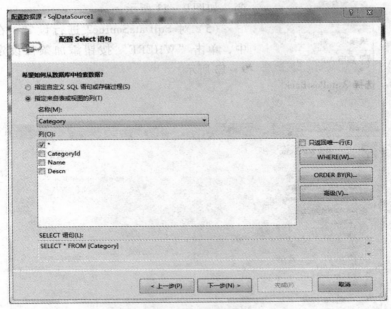

图 9-9 选择数据表

(3)SqlDataSource1 设置完成后,添加 RadioButtonList1 控件的智能标记,打开"选择数据源"下拉列表,然后在窗口下拉列表中选择步骤(2)配置好的 SqldataSource1,并对相应字段进行配置,如图 9-10 所示。

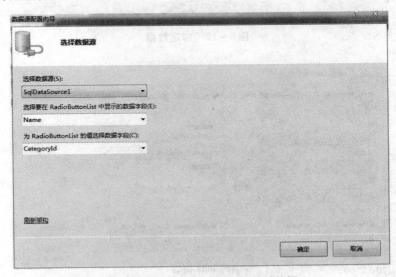

图 9-10 绑定 RadioButtonList1 数据

（4）单击"确定"按钮后，启用 AutoPostBack，以确保Radio ButtonList1 选择改变是 ListBox1 的数据改变，如图9-11 所示。

（5）对 SqlDataSource2 进行设定，在如图 9-12 中，单击"WHERE"按钮添加条件设定，设置如图 9-13 所示。

图 9-11　选择 AutoPostBack

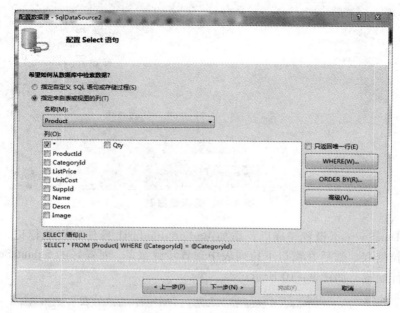

图 9-12　绑定数据

图 9-13　添加数据绑定限制条件

（6）对各个下拉列表进行选择，达到想要的结果，单击"添加"按钮，然后单击"确定"按钮。

（7）对 ListBox1 控件进行绑定，在智能标记处选择"选择数据源"，然后绑定 SqlDataSource2 数据源，设置完成后按 F5 键进行调试。

实例 9-3 利用 SqlDataSource 和 GridView 进行数据操作

操作步骤如下。

（1）将 GridView 控件和 SqlDataSource 控件添加到新页面中。

（2）对 SqlDataSource1 控件选择要显示的表的数据，并且在图 9-12 中单击"高级"按钮。

（3）出现的界面如图 9-14 所示，选中如图所示的选项后，单击"确定"按钮。以后操作类似对 SqlDataSource 的设置。

图 9-14 高级设置

（4）在 GridView 控件中在智能标记处选择"选择数据源"，选择步骤（3）设置好的 SqlDataSource1，并且选中如图 9-15 所示的各表项。

图 9-15 GridView 设置

（5）完成以上步骤，就可以对数据库进行删除、更新操作了。

（6）添加 DetailsView 控件，并对其与 SqlDataSource1 数据进行绑定，启用插入功能。

（7）操作完成后，按 F5 键运行，在 DetailsView1 控件中单击"新建"按钮，如图 9-16 所示。

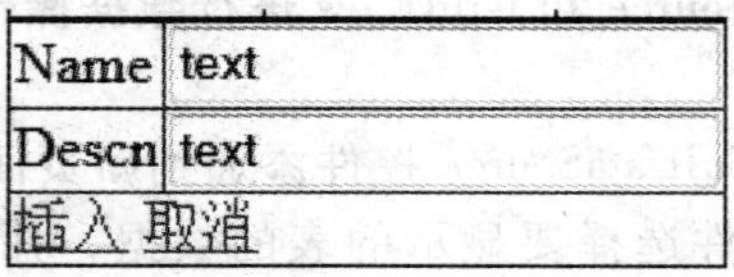

图 9-16　插入操作

（8）数据填充好后，单击"插入"按钮，则数据插入成功。

实例 9-4　利用存储过程插入数据

存储过程实现向 Category 表中插入记录和查询所有记录。建立存储过程流程：在"服务器资源管理器"窗口中展开相应的数据库，右击"存储过程"，在弹出的快捷菜单中选择"添加新存储过程"命令，得到如图 9-17 所示代码。

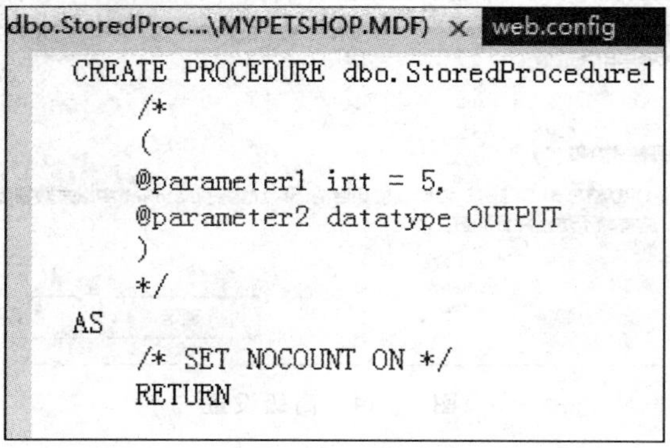

```
CREATE PROCEDURE dbo.StoredProcedure1
/*
(
@parameter1 int = 5,
@parameter2 datatype OUTPUT
)
*/
AS
    /* SET NOCOUNT ON */
    RETURN
```

图 9-17　添加新存储过程窗口

创建存储过程源程序 CateInsert 如图 9-18 所示。

```
CREATE PROCEDURE dbo.CateInsert
    (
    @Names varchar(80),
    @Descns varchar(255)
    )
AS
    INSERT INTO Category ( Name,Descn) VALUES (@Names,@Descns);
    SELECT * FROM Category
    RETURN
```

图 9-18　存储过程代码

在新建页面中添加两个 Lable、两个 TextBox，一个 Button 和一个 SqlDataSource 控件，并且进行配置，在选择数据表时选择"指定自定义 SQL 语句或存储过程"如图 9-19 所示。

第9章 数据库技术

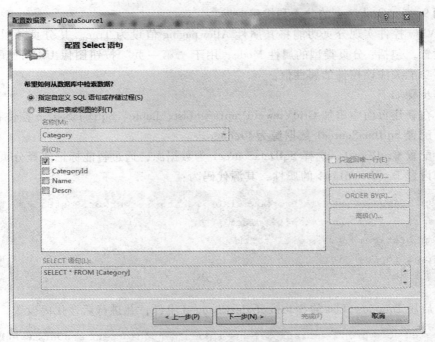

图 9-19 选择存储过程

单击"下一步"按钮，选择存储过程，对存储过程中出现的各个参数进行配置，配置如图 9-20 所示。

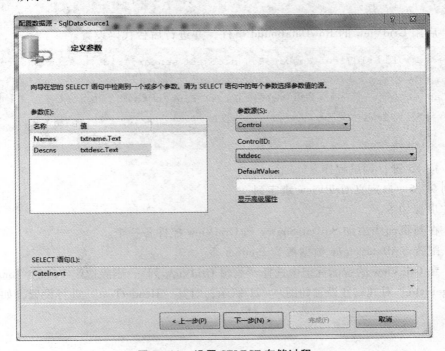

图 9-20 设置 SELECT 存储过程

实例 9-5　GridView 的分页和排序

GridView 控件实现分页功能将其属性 Allowpaging 值设为 True。其分页效果可以在该属性中设置，包括：分页类型的属性 Mode、用于"第一页"按钮图像 URL 的属性等。要实现更多功能关注该控件的属性值。

操作步骤如下。

（1）在新建页面中添加 GridView、DropDownList、Lable、SqlDataSource 控件各一个。

（2）配置 SqlDataSource1 数据源为 Product 表。

（3）配置 GridView1，选择 SqlDataSource1 为数据源，通过智能标记选择分页、排序。

（4）设置 DropDownList1 的属性，其源代码为：

```
<asp:DropDownList ID="DropDownList1" runat="server" utoPostBack="True">
<asp:ListItem>10</asp:ListItem>
<asp:ListItem>5</asp:ListItem>
</asp:DropDownList>
```

（5）启用 DropdownList 的 SelectedIndexChanged 事件，并进行后台代码设置。

```
protected void DropDownList1_SelectedIndexChanged(object sender, EventArgs e)
    {
        GridView1.PageSize = Convert.ToInt32(DropDownList1.SelectedValue);
        GridView1.DataBind();
    }
```

（6）启用 GridView 的 RowDataBound 事件，并进行后台代码设置。

```
Protectd void GridView1_RowDataBound(object sender,GridViewRowEventArgs e)
    {
      Lable1.Text="当前页为第"+(GridView1.PageIndex+1).ToString()+"页,共有"
+GridView1.PageCount.ToString()+"页");
    }
```

（7）按 F5 键，调试程序。

实例 9-6　自定义 GridView 绑定列

操作步骤如下。

（1）在新页面中添加 SqlDataSource 和 GridView 控件各一个。

（2）配置 SqlDataSource 数据源为 Product 表。

（3）在 GridView 的智能标记中选择"编辑 GridView 列"，删除选定字段的"image"，添加"ImageField"对其属性设置如图 9-21 所示，对其"HeaderText"进行设置，如图 9-22 所示。

第9章 数据库技术

图 9-21 添加 ImageField 属性

图 9-22 GridView 编辑结果

（4）运行程序查看效果。

程序说明：此时图片统一放在网站的根目录 img 文件夹下面，字段 image 存储图片的文件名，如下设置。

```
<asp:ImageField DataImageUrlFiled ="Image" DataImageUrlFormatString ="~\img\{0}" HeaderText ="图片">
    </asp:ImageField>
```

此处可以根据图片的存放位置不同来确定 DataImageUrlFormatString ="~\img\{0}" 的书写格式。

实例 9-7 使用模版列

在实际应用中，仅仅使用标准的列不能满足要求，如在编写字段时提供数据验证功能等。通过使用模板列能很好地解决这些问题。下面将讲述 SqlDataSource 和 GridView 控件使用模板列。

操作步骤如下。

（1）在新页面中添加 SqlDataSource 和 GridView 控件各一个。对 SqlDataSource 控件进行设置，如图 9-14 所示，允许对数据的更新。

（2）设置 GridView 控件，在智能标记处选择"编辑 GridView 的列"，将 CategoryId 字段转化为 TemplateField，在可用字段对话框中添加一个 TemplateField 和 CommandField 中的带编辑、更新和取消的列，如图 9-23 所示。

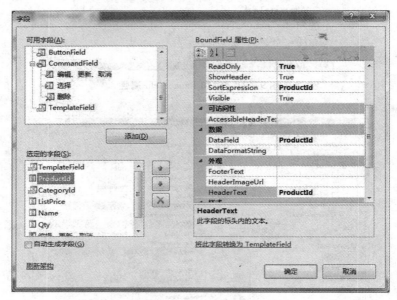

图 9-23　字段设置

（3）在 GridView 智能标记处选择"编辑模板"，如图 9-24 所示。选择 Column [0] 并且在 ItemTemplate 和 HeaderTemplate 中添加一个 CheckBox 控件，选中 HeaderTemplate 中的 CheckBox 控件，触发 CheckedChanged 事件，如图 9-25 所示。在触发的事件中添加 CS 代码如下：

```
protected void CheckBox2_CheckedChanged(object sender, EventArgs e)
{
   //获取 GridView 标题行中 CheckBox2 的对象
CheckBox chkall = (CheckBox)sender;
        foreach (GridViewRow gvRow in GridView1.Rows)
{
   //获取 GridView 中被选择的对象
CheckBox chkItem = (CheckBox)gvRow.FindControl("CheckBox1");
            chkItem.Checked = chkall.Checked;
}
}
```

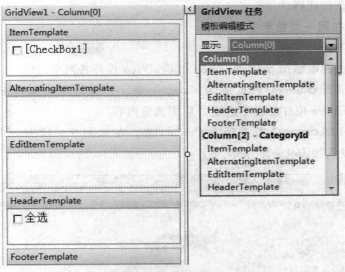

图 9-24 编辑模板

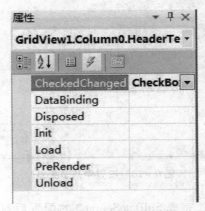

图 9-25 触发事件

(4) 添加一个 Button 控件和一个 Lable 控件,启用 Button 的点击事件。CS 代码如下:

```
protected void Button1_Click(object sender, EventArgs e)
{
  Label2.Text = "您选择的 ProductId 为:";
  foreach (GridViewRow gvRow in GridView1.Rows)
    {
        CheckBox chkItem = (CheckBox)gvRow.FindControl("CheckBox1");
        if (chkItem.Checked)
        {
            Label2.Text + = gvRow.Cells[1].Text +"、";
        }
    }}
```

(5) 运行并调试代码。

实例 9-8　在同一页显示主从表

操作步骤如下。

(1) 在新建页面中添加 SqlDataSource 和 GridView 控件各两个。

(2) 配置 SqlDataSource1 数据源为 Category 表,并且绑定 GridView1 控件,在如图 9-15 所示的 GridView 控件配置中选定"启用选定内容"。

(3) 配置 SqlDataSource2 数据源为 Product 表,在如图 9-12 所示的对话框中单击 WHERE 按钮,设置如图 9-26 所示。

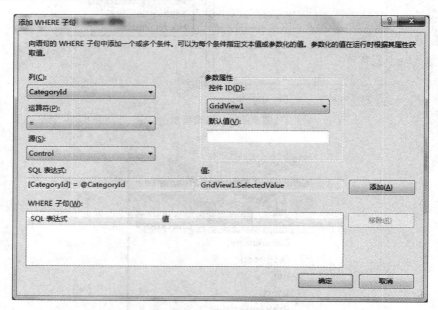

图 9-26　设置中从表关系

(4) 单击"添加"按钮,完成 SqlDataSource2 的配置后对 GridView2 进行绑定。运行调试程序。

实例 9-9　在不同页显示主从表

操作步骤如下。

(1) 添加两个页面分别为 Text1.aspx 和 Text2.aspx,并在两个网页中分别添加 SqlDataSource 和 GridView 控件各一个。

(2) 在 Text1 页面中设置 SqlDataSource 数据源为 Category 表的数据。

(3) 将设置好的数据表绑定到 GridView 控件中,并且选择"编辑 GridView 的列",删除原有的 CategoryId,添加一个 HyperLinkField。DataNavigateUrlField 值为 CategoryId,属性 DataNavigateUrlFormatString 值为"~/Text2.aspx?CategoryId={0}",并且 DataTextField 属性为 Name。如图 9-27 所示。

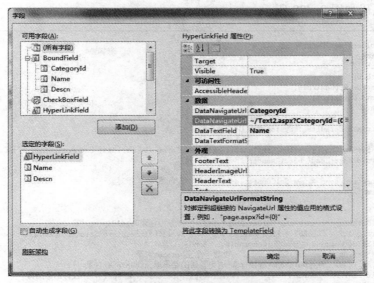

图 9-27　设置 GridView 属性

（4）对页面 Text2SqldataSource 数据源配置是在选择 WHERE 条件时将"源"设置为 QueryString，如图 9-28 所示。

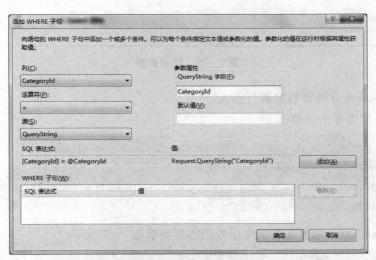

图 9-28　设置数据源的条件

（5）设置好的 SqlDataSource 对 GridView 进行绑定，从 Text1 运行程序并调试代码。

实例 9-10　利用 DataSet 对象进行数据库操作

（1）用 DataSet 方法对数据进行读取。

① 在新建页面上添加 GridView 控件，然后创建数据库连接。

② 通过 DataAdapter 对象从数据库中取出需要的数据。

③ 使用 DataAdapter 对象的 Fill 方法填充 DataSet。

④ 通过 GridView 控件将 DataSet 中的数据输送到表示层显示出来。

具体 cs 代码如图 9-29 所示。

```csharp
using System;
using System.Collections.Generic;
using System.Linq;
using System.Web;
using System.Web.UI;
using System.Web.UI.WebControls;
using System.Data.SqlClient;
using System.Data;

public partial class Default9 : System.Web.UI.Page
{
    string s = System.Configuration.ConfigurationManager.ConnectionStrings["ConnectionString"].ConnectionString;
    protected void Page_Load(object sender, EventArgs e)
    {
        SqlConnection conn = new SqlConnection(s);        //创建SQL连接对象
        conn.Open();
        try
        {
            SqlDataAdapter da = new SqlDataAdapter();     //创建DataAdapter对象
            string sql = "SELECT * FROM Category";        //设置DataAdapter的SelectCommand命令
            da.SelectCommand = new SqlCommand(sql, conn);
            DataSet ds = new DataSet();                   //创建一个空DataSet对象
            da.Fill(ds);  //将DataAdapter执行SQL语句返回的结果填充到DataSet对象
            GridView1.DataSource = ds;                    //设置填充后的DataSet对象为GridView控件的数据源
            GridView1.DataBind();
        }
        catch (Exception ex)
        {
            throw ex;
        }
        finally
        {
            conn.Close();
            conn.Dispose();
        }
```

图 9-29 读取数据

（2）用 DataSet 方法对数据进行插入。

① 建立与数据库的连接。

```
String s = System.Configuration.ConfigurationManager.ConnectionStrings["ConnectionString"].ConnectionString;
SqlConnection conn =new SqlConnection(s);//创建 SQL 连接对象
Conn.Open();
```

② 用 DataAdapter 对象从数据库中取出需要的数据。

```
SqlDataAdapter da =new SqlDataAdapter();//创建 DataAdapter 对象
String sql ="SELECT * FROM Category";//设置 DataAdapter 的 SelectCommand 命令
da.SelectCommand =new SqlCommand(sql,conn);
```

③ 实例化一个 SqlCommandBuilder 类对象，并为 DataAdapter 自动生成更新命令。

```
SqlCommandBuilder sb =new SqlCommandBuilder(da);
```

④ 使用 DataAdapter 对象的 Fill 方法填充 DataSet。

```
DataSet ds =new DataSet();//创建一个空的 Dataset 对象
Da.Fill(ds);
```

⑤ 使用 NewRow( ) 方法向 DataSet 中填充的表对象中添加一个新行。

```
DataRow newrow = ds.Tables[0].NewRow();
```

⑥ 为新行中各字段赋值。

```
newrow["Name"] = "txt";
newrow["Descn"] = "txt";
```

⑦ 将新行添加到 DataSet 中填充的表对象中。

```
ds.Tables[0].Rows.Add(newrow);
```

⑧ 调用 DataAdapter 对象的 Update( ) 方法将数据保存到数据库。

```
da.Update(ds);
```

插入操作的完整源代码如图 9-30 所示。

```
public partial class Default10 : System.Web.UI.Page
{
    string s = System.Configuration.ConfigurationManager.ConnectionStrings["ConnectionString"].ConnectionString;
    protected void Page_Load(object sender, EventArgs e)
    {
        SqlConnection conn = new SqlConnection(s);       //创建SQL连接对象
        conn.Open();
        try
        {
            SqlDataAdapter da = new SqlDataAdapter();              //创建DataAdapter对象
            string sql = "SELECT * FROM Category";                  //设置DataAdapter的SelectCommand命令
            da.SelectCommand = new SqlCommand(sql, conn);
            SqlCommandBuilder scb = new SqlCommandBuilder(da);      //为DataAdapter自动生成更新命令
            DataSet ds = new DataSet();                             //创建一个空DataSet对象
            da.Fill(ds);                                            //将DataAdapter执行SQL语句返回的结果填充到DataSet对象
            DataRow newrow = ds.Tables[0].NewRow();                 //向DataSet第一个表对象中添加一个新行
            newrow["Name"] = "text";                                //为各行字段赋值
            newrow["Descn"] = "text";
            ds.Tables[0].Rows.Add(newrow);                          //将新建行添加到DataSet第一个表对象中
            da.Update(ds);                                          //将DataSet中数据变化提交到数据库（更新数据库）
        }
        catch (Exception ex)
        {
            throw ex;
        }
        finally
        {
            conn.Close();
            conn.Dispose();
        }
    }
}
```

图 9-30 插入代码

（3）用 DataSet 方法对数据进行更新，代码如下。

① 数据库连接。

② 用 DataAdapter 对象从数据库中取出需要的数据。

```
String sql = "SELECT * FROM [Category] WHERE CategoryId=1";
```

③ 实例化一个 SqlCommandBuilder 类对象，并为 DataAdapter 自动生成更新命令。

④ 使用 DataAdapter 对象的 Fill 方法填充 DataSet。

⑤ 在 Dataset 中得到要修改的行

```
DataRow uprow = ds.Tables[0].Rows[0];    //从 DataSet 中得到要修改的行
```

⑥ 对各个字段设置您要更新的数据

```
uprow[1] = "更新内容";//Name 字段
uprow[2] = "更新内容";//Descn 字段
```

⑦ 将 DataSet 中数据变化提交到数据库。

（4）用 DataSet 方法对数据进行删除。

触发单击删除按钮删除相应的条目，创建鼠标单击事件，如图 9-31 所示。

① 数据库连接。
② 用 DataAdapter 对象从数据库中取出需要的数据。
③ 实例化一个 SqlCommandBuilder 类对象，并为 DataAdapter 自动生成更新命令。
④ 使用 DataAdapter 对象的 Fill 方法填充 DataSet。
⑤ 得到要删除的行，并调用删除方法。
⑥ 对数据库进行更新。

```csharp
protected void Button1_Click(object sender, EventArgs e)
{
    string s = System.Configuration.ConfigurationManager.ConnectionStrings["ConnectionString"].ConnectionString;
    SqlConnection conn = new SqlConnection(s);    //创建SQL连接对象
    conn.Open();
    try
    {
        SqlDataAdapter da = new SqlDataAdapter();    //创建DataAdapter对象
        //设置DataAdapter的SelectCommand命令
        string sql = "SELECT * FROM Category WHERE CategoryId='"+Convert.ToInt32(TextBox1.Text)+"'";
        da.SelectCommand = new SqlCommand(sql, conn);
        SqlCommandBuilder scb = new SqlCommandBuilder(da);    //为DataAdapter自动生成更新命令
        DataSet ds = new DataSet();    //创建一个空DataSet对象
        da.Fill(ds);    //将DataAdapter执行SQL语句返回的结果填充到DataSet对象
        DataRow delrow = ds.Tables[0].Rows[0];    //得到要删除的行
        delrow.Delete();    //调用DataRow对象的Delete()方法，从数据表中删除行
        da.Update(ds);    //将DataSet中数据变化提交到数据库（更新数据库）
    }
    catch (Exception ex)
    {
        throw ex;
    }
    finally
    {
        conn.Close();
        conn.Dispose();
    }
}
```

图 9-31 删除代码

9.4 小　　结

数据库是一个动态网站的信息仓库，简单地说，一个动态网站的前台显示页面是通过各种方式读取数据库并且显示的，而网站后台是对数据库的增、删、改等的操作。

本章首先通过基本的 SQL 语句对数据库进行访问，接着使用数据集利用 ADO 技术连接数据库，ADO 技术让操作变得更有效率和简单。

第9章 数据库技术

数据源控件主要通过设置相应属性实现数据访问，数据绑定控件可以通过数据访问技术对数据进行数据查询、插入、删除和更新的操作。

9.5 课后习题

1. 设计一个网页在下拉列表框中选择出产品种类后，在 GridView 控件中显示该种类的物品名称结果。

2. 设计一个网页查询，在文本框中输入一个价格后单击"确定"按钮，将查询的结果显示到 GridView 控件中（要求对文本框内容输入进行验证，设置两个按钮，一个是大于输入价格的，另一个是小于输入价格的，用 SqlDataSource 实现）。

3. 实现后台管理页面的添加、删除和修改（要求用 DataSet 进行操作）。

第 10 章 LINQ 数据库技术

10.1 概 述

语言集成查询（Language Integrated Query，LINQ）是一种与.NET Framework 中使用的编程语言紧密集成的新查询语言，为查询数据提供了一个统一的方法，使得可以像使用 SQL 查询数据库那样从.NET 编程语句中直接查询数据，并且具备很好的编译时语法检查、丰富的元数据、智能感知、静态类型等强类型语言的优点。除此之外，LINQ 还使得查询可以方便地对内存中的信息进行查询而不仅仅只是外部数据源。事实上，LINQ 语法部分借鉴了 SQL 标准语言，熟悉 SQL 的编程人员能更容易上手。

基本的 SQL 查询语句与.NET 结合起来，开发一个小型的后台管理系统，整个过程是怎么样的？首先创建一个与数据库的连接，然后创建一个查询命令并存到一个字符串变量中，接着是打开数据库，之后执行并返回相应的结果，最后将数据库的连接关闭。那换作是 LINQ 的话呢？答案是"简单的很"，只要通过 LINQ 中的 LINQ to SQL 简单地将要操作的目标数据表映射成.NET 中的一个类，之后就是类的对象直接调用了，对数据库的连接与关闭也不用关心。这样的话，就会发现，LINQ 数据查询已经与.NET 浑然天成了。而且在用标准 SQL 查询语言实现后台数据库的访问时，如果查询命令字符串写错了，则系统是不能在编译时检测出来的，只有运行的时候才会报错；而用 LINQ 查询的话，由于机制本身的原因，能够在系统编译时及时通报错误，提高工程项目效率。

由于被集成到语言本身中，而不是特定的项目里，所以 LINQ 可以用于各种项目，包括 Web 应用程序、Windows 窗体应用程序、Console 应用程序等。接下来用一个最简单经典的实例，展示一下 LINQ 的魅力。

实例 10 – 1 LINQ 基本语法

新建一个网站，并添加一个 Web 窗体，取名为 linq_01，然后进入其后台文件 linq_01.aspx.cs，这时可以看到，文件顶部的系统引用中已经包含了 LINQ，如图 10 – 1 所示。

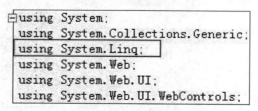

图 10 – 1 文件头代码

接着，在 Page_Load 事件里加入如下代码。

第10章 LINQ数据库技术

```
protected void Page_Load(object sender, EventArgs e)
    {
        string st1 ="";
        string[] st2 = {"wo","zheng","zai","zuo","lian","xi"};//定义并初始化字符串数组
        var pp = from p in st2              //LINQ 语法主体
            where p.StartsWith("z")         //LINQ 语法主体
                select p;                   //LINQ 语法主体
        foreach (var p in pp)               //循环取出各个字符串
            st1 = st1 + p +",";             //字符串变量连接起来并存入数组 st1 中
        Response.Write(st1);                //输出 st1
    }
```

最后，调试运行，网页上显示：

zheng,zai,zuo

这个示例语法结构很简单，没有涉及数据库中的数据表，只是体现一下 LINQ 中的基本语法结构，该程序实现的是要选出整个字符串数组中首字母为"z"的字符串，然后输出。在原理上的体现如下。

（1）var 表示隐含类型的使用，这样，只需关心变量名及其赋值，数据类型由系统跟踪判定，如示例中的变量 pp。

（2）from 作为 LINQ 标准语法中的一个关键字，限定了整个查询操作的目标，如示例中就是查询整个 st2 集合中的各个对象，不能越出这个集合去查询别的集合。

（3）where 关键字，限定执行查询操作时的条件，如示例中，选择首字母是"z"的字符串。

（4）select 也是 LINQ 标准语法中的一个关键字，作用是选择每次循环后查询得到的满足条件的整行或特定的列数据结果并返回。

（5）示例中的 st2 是一个集合，p 则是 st2 集合中的任意一个对象（这里用到匿名枚举）。

上文已经提及 LINQ 广泛应用到各种项目，这是基于 LINQ 本身被集成在.NETFramework 中的不同地方而实现的，因此也就形成了不同类型的 LINQ，主要包括 LINQ to Objects、LINQ to XML 以及 LINQ to ADO.NET，如图 10-2 所示。限于篇幅，本章内容都将围绕 LINQ to ADO.NET 中的 LINQ to SQL 展开。

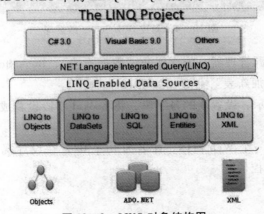

图 10-2 LINQ 对象结构图

10.2 LINQ to SQL

10.2.1 概述

LINQ to SQL 是基于关系数据的.NET 语言集成查询，用于以对象形式管理关系数据，并提供了丰富的查询功能。有了 LINQ to SQL，可以将大量的数据库对象（如表、视图、存储过程等）转换为可以在代码中访问的.NET 对象，然后在查询中使用这些对象或是直接在数据绑定场景中使用它们。

在具体介绍 LINQ to SQL 之前，先来比较以下两个实例。

实例 10 – 2 用标准 SQL 语言实现数据库交互，查询相应数据

（1）新建一个.NET Framework 4 的 ASP.NET 网站，如图 10 – 3 所示，并将网站命名为"第 10 章 LINQ"。

图 10 – 3 创建网站

（2）右击解决方案资源管理器中的项目，选择"添加新项"之后选择"SQL Sever 数据库"并取名为 BookShop，如图 10 – 4 所示。单击"添加"按钮，程序弹出对话框，询问是否将创建的 SQL Sever 服务器放入 App_Data 文件夹，单击"是"按钮。

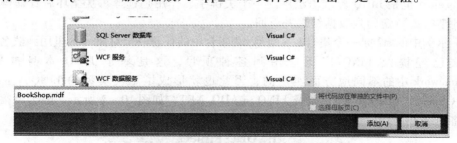

图 10 – 4 新建 SQL Server 数据库

（3）打开服务器资源管理器，依次展开"数据连接"、BookShop.mdf，右击"表"，在弹出的菜单中选择"添加新表"命令，如图 10 – 5 所示。

（4）如图 10 – 6 所示，设置表的各字段，将 bookid 字段设置成主键并且自增，保存为 Book，然后添加数据。

（5）在项目中添加一个 Web 窗体，命名为 linq_02，在设计视图中，从工具箱中拖出一个 GridView 数据绑定控件。

第10章 LINQ数据库技术

图 10-5 添加新表

图 10-6 Book 表结构

（6）打开 linq_02.aspx.cs，在 Page_Load 事件里写代码，通过后台程序检索 BookShop 数据库，将 Book 表里面的数据提取出来，传递给 GridView 数据源绑定控件，进而在页面上显示出来，代码如下。

```
using System;
using System.Collections.Generic;
using System.Linq;
using System.Web;
using System.Web.UI;
using System.Web.UI.WebControls;
using System.Data;
using System.Data.SqlClient;
public partial class linq_02 : System.Web.UI.Page
{
```

```
protected void Page_Load(object sender, EventArgs e)
{
    SqlConnection sqlc = new SqlConnection();//创建连接
     sqlc.ConnectionString = "Data Source = .\\SQLEXPRESS;AttachDb-
     Filename = |DataDirectory|BookShop.mdf;Integrated Security = True;
     User Instance = True";  //连接字符串
    string st = "select * from Book"; //查询命令字符串
    SqlCommand sqlco = new SqlCommand(st,sqlc);
    sqlc.Open();    //打开数据库连接
    SqlDataReader dr = sqlco.ExecuteReader();  //执行查询
    GridView1.DataSource = dr;     //返回值传递给数据绑定控件
    GridView1.DataBind();         //控件重新绑定
    sqlc.Close();             //关闭数据库连接

}
```

(7) 按 F5 键，调试网站。

整个示例代码量较大，容易疏忽出错。例如，打开了数据库的连接，最后却忘记关闭了。这在需要大量访问数据库的项目中，将是致命的错误。

实例 10-3 使用 LINQ To SQL 查询相应数据

步骤（1）、步骤（2）、步骤（3）、步骤（4）与实例 10-2 相同。

(5) 在项目中添加一个 Web 窗体，命名为 linq_03，在设计视图中，从工具箱中拖出一个 GridView 数据绑定控件。

(6) 右击项目，单击"添加新项"，如图 10-7 所示，选择 LINQ to SQL 类，名称默认即可，单击"添加"按钮，生成 DataClasses.dbml；询问是否移至 App_Data 文件夹，单击"是"按钮，界面如图 10-8 所示。该界面有两个设计图面：当用户将数据表拖到左侧的设计图面时，LINQ to SQL 会自动完成将表映射成一个.NET 类的操作；而将存储过程等拖到右侧的设计图面时，会将其映射成为相应类中的方法。

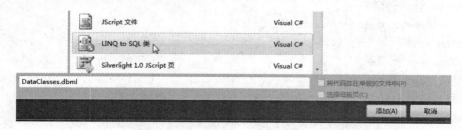

图 10-7 创建 LINQ to SQL 类

(7) 将创建好的数据表 Book 在服务器资源管理器中拖到左侧的设计图面中并保存。如图 10-9 所示。

第10章　LINQ数据库技术

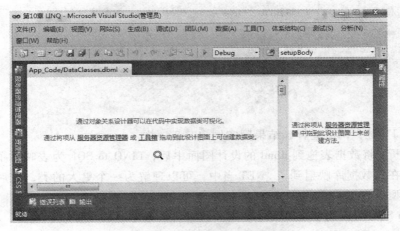

图 10-8　LINQ to SQL 类设计视图

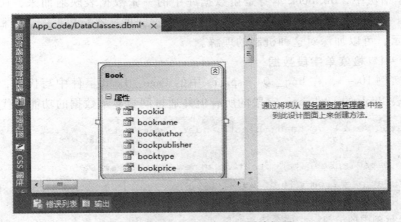

图 10-9　将 Book 表拖入设计视图

（8）在后台文件 linq_03.aspx.cs 中的 Page_Load 事件中写代码，实现功能，代码如下。

```
using System;
using System.Collections.Generic;
using System.Linq;
using System.Web;
using System.Web.UI;
using System.Web.UI.WebControls;

public partial class linq_03 : System.Web.UI.Page
{
    protected void Page_Load(object sender, EventArgs e)
    {
        DataClassesDataContext db = new DataClassesDataContext(); /LINQ To SQL 主体语法
```

169

```
            var p = from r in db.Book      //LINQ To SQL 主体语法
                    select r;              //LINQ To SQL 主体语法
            GridView1.DataSource = p;      //检索到的数据传递给绑定控件
            GridView1.DataBind();          //绑定
        }
```

(9) 按 F5 键，调试运行，结果同实例 10-2 一样。

程序分析：将数据表拖到 dbml 的设计图面中后，LINQ to SQL 为表映射了一个类，同时也将表所在的数据库映射到了 .NET 当中，可以理解为一个更大的类，之后就是面向对象编程的典型思想了。

LINQ to SQL 可以简单而灵活地使用。通过将数据库对象（如表、视图、存储过程等）直接拖到 dbml 中的设计图面中，LINQ to SQL 系统就自动建立了数据库到 .NET 类的映射。在 LINQ 基本语法中，db.Book 本身是由数据库中的一张数据表映射而来，所以一定要注意，db.Book 指的是数据库中 Book 这张表的所有数据，即所有行数据的集合概念。通过下面的例子演示，可以加深对这种机制的理解。

实例 10-4 检索单字段数据

步骤同实例 10-3，在 linq_04.aspx.cs 中的 Page_Load 事件中写代码，实现从数据库中检索出表 Book 的 bookname 字段的所有值并通过网页显示数据的功能，代码如下。

```
    protected void Page_Load(object sender, EventArgs e)
    {
        DataClassesDataContext db = new DataClassesDataContext();
        Var p = from r in db.Book
                select r.bookname;
/* 这个示例中的 r 是一个匿名枚举变量,指向表 Book 中行数据集合中的任意一行,通过整个
LINQ 循环,返回的结果是一个数据行的集合,由于选择了数据表中的特定字段(r.bookname),所以
又进行了对筛选数据投影的操作,最终返回只包含选定字段列的集合*/
        GridView1.DataSource = p;
        GridView1.DataBind();
    }
```

10.2.2 查询数据库操作

现在开始从基本语句入手，来全面了解一下 LINQ to SQL，这些最常用的语句主要由 where 操作符、distinct 操作符、select 匿名类型、orderby 排序以及简单聚合函数组成。

1. where 操作符

该操作符与 SQL 命令中的 where 作用相似，都是起到范围限定也就是过滤作用的，而判断条件就是它后面所接的子句。

例如，实现从数据库中检索出表 Book 满足条件的数据并通过网页显示数据的功能，

代码如下。

```
protected void Page_Load(object sender, EventArgs e)
{
    DataClassesDataContext db = new DataClassesDataContext();
    var p = from r in db.Book
            where r.bookpublisher == "文学出版社"  //条件约束
            select r;
    GridView1.DataSource = p;
    GridView1.DataBind();
}
```

多条件查询在实际项目开发中是经常遇到的。使用 where 筛选数据表 Book 中由"文学出版社"出版,并且作者是"六道"的书籍信息,代码如下。

```
protected void Page_Load(object sender, EventArgs e)
{
    DataClassesDataContext db = new DataClassesDataContext();
    var p = from r in db.Book
    where r.bookpublisher == "文学出版社" && r.bookauthor == "六道"
    //两个条件都必须满足才能被筛选出来,如果 && 换成 | 运算符,则只要满足其中一个
    条件即可被筛选出来
    select r;
    GridView1.DataSource = p;
    GridView1.DataBind();
}
```

2. select 匿名类型

之前的实例中,已经可以实现筛选整张数据表里特定序列的数据,但还局限于一列而已,如下代码:

```
var p = from r in db.Book
        select r.bookpublisher
```

此时,如果要投影筛选需要的两列或更多列数据呢?读者可能马上想到在select r.bookpublisher 后面追加"r.bookname"等代码,但调试发现,不能通过编译,这个时候就要引入 select 匿名类型,其实质是编译器根据定义自动产生一个匿名的类来帮助实现临时变量的储存。

例如,通过 select 匿名类型筛选 bookname 和 bookpublisher 两列数据,并给 bookname 起别名"书名",代码如下:

```
protected void Page_Load(object sender, EventArgs e)
    {
        DataClassesDataContext db = new DataClassesDataContext();
        var p = from r in db.Book
                select new {书名 = r.bookname , r.bookpublisher };//
        //使用 new 创建匿名类型，并给 bookname 列起别名
        GridView1.DataSource = p;
        GridView1.DataBind();
}
```

运行结果如图 10－10 所示，可以看到字段 bookname 起了别名“书名”，并显示在控件中。

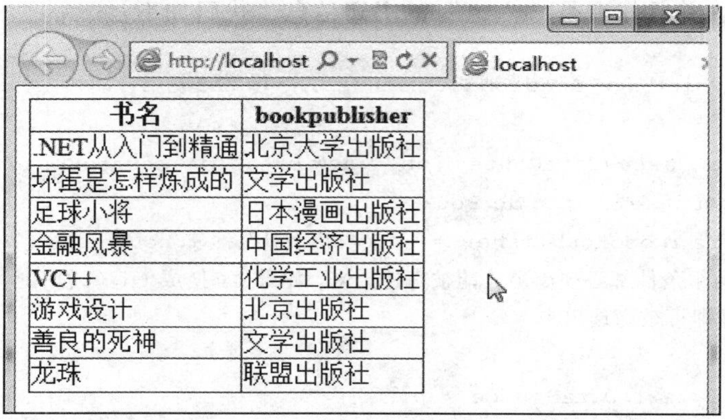

书名	bookpublisher
.NET从入门到精通	北京大学出版社
坏蛋是怎样炼成的	文学出版社
足球小将	日本漫画出版社
金融风暴	中国经济出版社
VC++	化学工业出版社
游戏设计	北京出版社
善良的死神	文学出版社
龙珠	联盟出版社

图 10－10　select 匿名类型运行结果

3. orderby 排序

LINQ to SQL 中的排序操作符 orderby 同 SQL 中的 order by 语句用法是一样的，结合相应关键字 ascending、descending 可实现升序、降序、主从复合排序等，在实际的数据库交互中使用频率很高。例如，选出表 Book 中的所有数据，并按照 bookprice 升序排序，当价格相同时，按 bookid 降序排序，代码如下：

```
protected void Page_Load(object sender, EventArgs e)
    {
        DataClassesDataContext db = new DataClassesDataContext();
        var p = from r in db.Book
                orderby r.bookprice ascending, r.bookid descending
                //排序字段
                select r;
        GridView1.DataSource = p;
        GridView1.DataBind();
}
```

运行结果如图 10 – 11 所示。

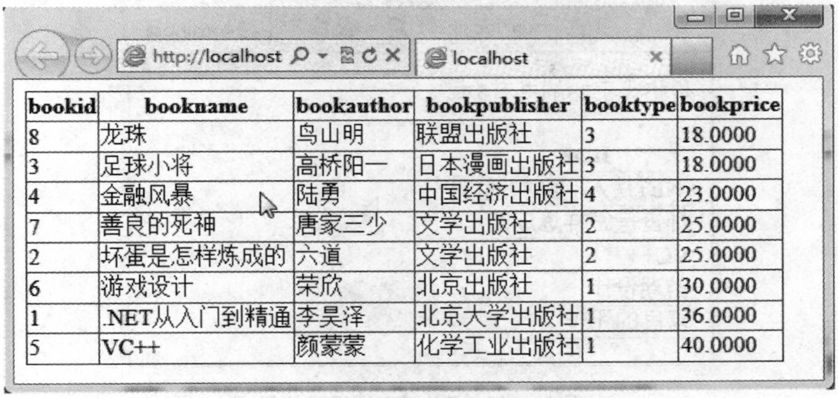

bookid	bookname	bookauthor	bookpublisher	booktype	bookprice
8	龙珠	鸟山明	联盟出版社	3	18.0000
3	足球小将	高桥阳一	日本漫画出版社	3	18.0000
4	金融风暴	陆勇	中国经济出版社	4	23.0000
7	善良的死神	唐家三少	文学出版社	2	25.0000
2	坏蛋是怎样炼成的	六道	文学出版社	2	25.0000
6	游戏设计	荣欣	北京出版社	1	30.0000
1	.NET从入门到精通	李昊泽	北京大学出版社	1	36.0000
5	VC++	颜蒙蒙	化学工业出版社	1	40.0000

图 10 – 11　排序—查询运行结果

4. 聚合函数

(1) Count

该聚合函数返回集合中的元素个数，为 int 类型。如果没有条件进行过滤，则返回整张数据表的数据行数，代码如下：

```
int hangshu = (from r in db.Book
                                    Select r).Count();
```

也可以写成另外一种形式：

```
int hangshu = db.Book.Count();
```

在有条件进行过滤时，先检索出满足条件的数据行，然后调用聚合函数得到行数。例如，统计价格大于 23 的书的个数并显示其书名，代码如下。

```
protected void Page_Load(object sender, EventArgs e)
    {
        DataClassesDataContext db = new DataClassesDataContext();
        var p = from r in db.Book
                where r.bookprice > 23
                select r.bookname;
        GridView1.DataSource = p;
        GridView1.DataBind();
        Response.Write("价格大于 23 的书有" + p.Count() + "本");
      //聚合函数需要对行集合使用，这里的 p 是一个由零行或单
      //行或多行数据组成的集合概念
 }
```

运行结果如图 10 – 12 所示。

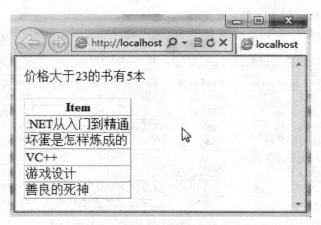

图 10-12 Count 查询运行结果

（2）Sum

该聚合函数返回集合中元素之和，集合应为数值类型集合，用于数据表中某列数据的求和计算，代码如下：

```
decimal zonge = Convert.ToDecimal((from r in db.Book select r.bookprice).Sum());
```

此处说明一下，语句中的 Convert.ToDecimal( ) 是对数据类型的显式强制转换。

（3）Min

该聚合函数返回集合中元素的最小值，集合应为数值类型集合，用于检索数据表中某列数据的最小值，代码如下：

```
decimal zuidijiage = Convert.ToDecimal((from r in db.Book select r.bookprice).Min());
```

（4）Max

该聚合函数返回集合中元素的最大值，集合应为数值类型集合，用于检索数据表中某列数据的最大值，用法与 Min 一样，读者可自行练习。

（5）Average

该聚合函数返回集合中元素的平均值，集合应为数值类型集合，用于检索数据表中某列数据的平均值，用法与 Min、Max 聚合函数一样。

本书至此，读者应对 LINQ 及 LINQ to SQL 已经有了一定的了解，并且能够进行简单的数据检索了。在 10.2.3 节，将展开学习 LINQ to SQL 的数据插入、删除和更新操作，相比传统的 SQL 操作，LINQ 灵活、简单得多。

10.2.3 更改数据库

数据库除了基本的查询功能以外，还有 3 种操作可以编辑修改数据库，分别是：插入、删除和更新。

1. 数据插入

在一次事件处理中可以在表中插入一行，也可以插入多行，反映在 LINQ to SQL 中，就是定义数据表类的一个对象或多个对象。

例 10 – 5　插入数据

页面设计视图下，从工具箱中拖出 5 个文本框 TextBox、1 个 Button 按钮以及 1 个 Label 标签，如图 10 – 13 所示。

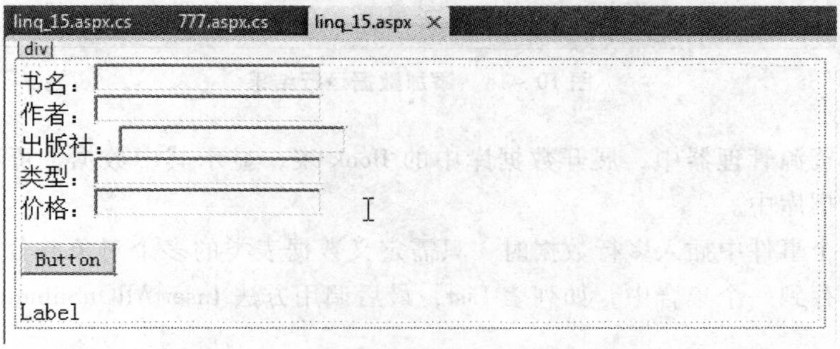

图 10 – 13　前台设计

后台源代码如下：

```
protected void Button1_Click(object sender, EventArgs e)
{
DataClassesDataContext db = new DataClassesDataContext();
Book mybook = new Book();
mybook.bookname = TextBox1.Text;
mybook.bookauthor = TextBox2.Text;
mybook.bookpublisher = TextBox3.Text;
mybook.booktype = Int32.Parse(TextBox4.Text);
mybook.bookprice = Decimal.Parse(TextBox5.Text);
try
{
   db.Book.InsertOnSubmit(mybook);
   db.SubmitChanges();
   Label1.Text = "插入成功!";
}
catch
{
   Label1.Text = "插入失败!";
}
}
```

按 F5 键运行，在文本框中依次输入要输入的数据，然后单击 Button 按钮，结果如图 10 – 14 所示。

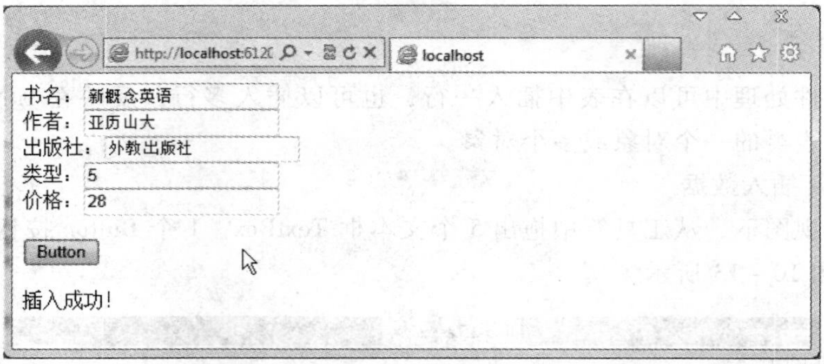

图 10 – 14 添加数据运行结果

在服务器资源管理器中，展开数据库中的 Book 表，显示其中数据，可以看到，数据已经插入到数据库中。

当要在一个事件中插入多行数据时，只需定义数据表类的多个对象并分别初始化，然后把这些对象存到一个集合中，如列表 List，最后调用方法 InsertAllOnSubmit( )即可。

2. 数据删除

数据删除同数据插入一样，也要确定对象，即要删除哪一个。需要注意的是，如果只删除单一的对象，即删除数据表中一行数据而已，那么在确定这个对象时，应选像主键这样的能唯一标识对象的字段，获得了要删除的对象后，调用数据删除方法 DeleteOnSubmit( )和数据库更新方法 SubmitChanges( )，完成数据从数据库表中的删除操作。

例 10 – 6 数据删除

在页面设计视图下，从工具箱中拖出 1 个 Button 按钮以及 1 个 Label 标签。Button1_Click 事件代码如下。

```
    protected void Button1_Click(object sender, EventArgs e)
{
DataClassesDataContext db = new DataClassesDataContext();
var p = from r in db.Book
        where r.bookpublisher = = "文学出版社"
        select r;
try
    {
      db.Book.DeleteAllOnSubmit(p);
      db.SubmitChanges();
      Label1.Text = "成功删除所有文学出版社出版的图书信息!";
    }
catch
    {
      Label1.Text = "删除失败!";
    }
}
```

运行结果如图 10-15 所示,然后打开数据表 Book 查看,可以看到所有的文学出版社出版的图书都被删除了。

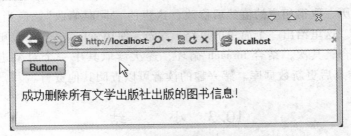

图 10-15　删除数据运行结果

3. 数据更新

如果只是更新数据表中的一行数据,只需根据条件获得更新行的对象,然后用这个对象直接引用更新字段,调用更新方法即可。

例 10-7　更新数据

在页面设计视图下,从工具箱中拖出 1 个 Button 按钮和 1 个 Label 标签。Button1_Click 事件实现将 bookid 为 10 的 bookprice 字段值改成 30,代码如下:

```
protected void Button1_Click(object sender, EventArgs e)
{
    DataClassesDataContext db = new DataClassesDataContext();
    Book mybook = db.Book.Where(c = > c.bookid = = 10).First();
    mybook.bookprice = 30;
    try
    {
        db.SubmitChanges();
        Label1.Text = "更新成功!";
    }
    catch
    {
        Label1.Text = "更新失败!";
    }
}
```

运行结果如图 10-16 所示,展开数据表 Book,可以看到 bookid 为 10 的那行数据 bookprice 字段已经改成 30 了。

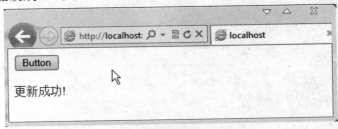

图 10-16　更新数据运行结果

到这里，读者或许会想该如何使用 LINQ to SQL 实现"同时修改多行数据"呢？其实，任何与数据库交互的程序代码，都不能在同一个时刻修改多行，在最底层，也都是通过循环、逐行遍历，取得相应的值然后修改，这里的"同时修改"，应当是在做一个事件方法中修改多行。这里给出一个简单的思路：首先，使用 select 关键字能够在 LINQ 循环结束后获得一个集合；其次，结合 foreach 循环，逐次读取其中一个对象进行修改；最后，等 foreach 循环结束后更新数据库。感兴趣的读者可以查阅其他资料。

10.3 小 结

　　LINQ 是一种强大而灵活的数据查询机制，在将来的实际项目开发中会扮演越来越重要的角色。

　　LINQ 本身来源于传统 SQL 语法，是对 SQL 语句的封装。在执行 LINQ 时，程序底层要先将 LINQ 转化成 SQL，所以其执行效率会低于 SQL 本身；还有就是 LINQ 没有达到非常完善的程度（LINQ 出现的时间尚短），目前阶段，只能完成 SQL 语句中 90% 以上的功能。不过，在实际使用中，可以人为地优化 LINQ 本身，实验证明，如果优化合理的话，LINQ 的效率还是非常高的，毕竟在大的项目中，整体代码量会比传统 SQL 少 30%～50%。在一般的项目开发以及频繁使用的场合，LINQ 能够完全胜任，且思路简单，易于理解。所以掌握好 LINQ 对于程序员来说，如虎添翼，是不可多得的神兵利器。

10.4 课后习题

　1. 创建一个数据库，用 LINQ 技术实现不同用户登录功能，分为普通会员和管理员，当不同用户访问页面时，在 GridView 控件中呈现不同的页面内容。

　2. 利用 LINQ 技术实现简单的数据库添加、更新、插入和删除操作。

　3. 使用 LINQ 技术实现用户登录，当用户无效时，显示"输入错误，请重新输入！"，登录成功后显示欢迎信息。

第 11 章　用户和角色管理

11.1　成员资格和角色管理

11.1.1　身份验证

通常，用户必须向服务器提交凭证以确定用户的身份，只有凭证有效，才可以认为通过身份验证。一旦通过身份验证，还需要确定用户能访问哪些资源及用户权限。在 ASP.NET 4.0 中，提供了 4 种身份验证方式：Windows 验证、Passport 验证、None 验证和 Forms 验证，设置出现在 web.config 文件中的 authentication 节中，即 <authentication mode ="">，其中 mode 的值可以选择 Windows、Forms、Passport 和 None 中的一种。

如果应用程序在局域网（即在基于域的 Intranet 应用程序）中运行，则可以使用用户的 Windows 域账户名来标识用户。在这种情况下，用户的角色是该用户所属的 Windows 组。要运用 Windows 验证，服务器端和客户端都必须是 Windows 操作系统，且 Web 服务器的硬盘格式必须是 NTFS。

在 Internet 应用程序或其他不适合使用 Windows 账户的方案中，可以使用 Forms 身份验证来建立用户标识。Forms 验证本身并不能进行验证，只是使用自定义的用户界面收集用户信息，再通过自定义代码实现验证。通常使用 ASP.NET 网站管理工具设置用户和角色，其中，成员资格用于管理用户，角色用于管理授权。然后创建一个页面，用户可以在该页面中输入用户名和密码，然后对用户凭据进行验证。本章主要就是介绍利用网站管理工具进行角色和用户的管理，利用登录控件进行 Forms 身份验证。

Passport 和 None 验证这里不做介绍。

11.1.2　成员资格管理

使用成员资格管理能创建和管理用户信息。例如，为新用户设置用户名、密码、电子邮件等信息，创建、修改和重置用户密码，删除和更新用户信息等。成员资格管理提供的类能方便地验证用户提交的用户名和密码。

默认情况下，成员管理数据库以 ASPNETDB.mdf 存储在 App_Data 文件夹下。其中与成员资格管理密切相关的数据表是 aspnet_Users（存储用户的部分信息）和 aspnet_Membership（存储用户的详细信息）。与成员资格管理密切相关的类是 Membership 和 MembershipUser 类。Membership 类主要实现用户验证、创建、管理。它主要获取或设置用户信息功能。

11.1.3 角色管理

角色是指具有相同权限的一类用户或用户组,与授权有密切关系。基于角色的授权方式将访问权限与角色关联,然后,角色再与用户关联。管理人员授权时,是为角色授权,其影响的是角色中的多个用户。在实际使用时,需要根据不同角色对网页进行分类,并存放到不同的文件夹中。然后,再利用网站管理工具,对不同文件夹设置不同的访问规则,实现角色授权。

默认情况下,角色管理信息也存储在 ASPNETDB.mdf 数据库中。其中,与角色管理密切相关的数据表是 aspnet_Roles(存储角色信息)和 aspnet_UserInRoles(存储用户和角色的联系信息)。与角色管理密切相关的类是 Roles 类,主要实现创建新角色和删除角色等功能。

11.2 利用网站管理工具实现管理

利用 Visual Studio 2010 自带的网站管理工具,可以方便地管理用户和角色。在 Visual Studio 2010 中选择"网站"菜单项,在下拉列表中选择"ASP.NET 配置"选项,将会链接到一个网页,选择"安全"选项卡,如图 11-1 所示。

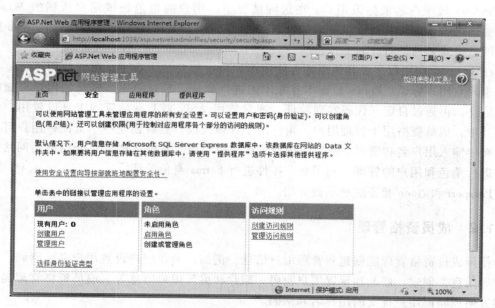

图 11-1 ASP.NET 配置

初学者主要配置步骤可以根据向导进行,过程如下。

(1)选择"使用安全设置向导按部就班地配置安全性",进入安全向导配置页面,如图 11-2 所示。

第11章 用户和角色管理

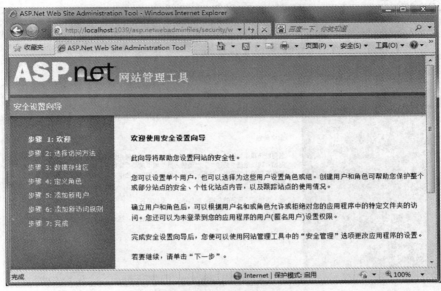

图 11-2 安全向导

第 1 步是个欢迎界面。单击"下一步"按钮,将呈现如图 11-3 所示的界面。

(2) 第 2 步需要选择访问方法,有两种选择:"通过 Internet" 和 "通过局域网"。这里选择"通过 Internet",表示使用 Forms 验证;另外一种是"通过局域网",表示使用 Windows 方式进行身份验证。最终配置结果会保存在 web.config 文件中。然后单击"下一步"按钮,进入如图 11-4 所示的界面。

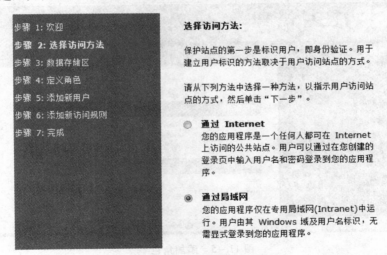

图 11-3 选择访问方法界面

(3) 第 3 步为退出"安全向导"配置网站管理数据的存储方式,一般采用默认方式,不做任何修改。

(4) 第 4 步要求定义角色,该步骤首先要启用角色,启动后单击"下一步"按钮。

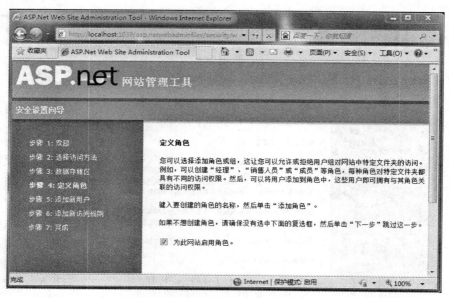

图 11-4 启用角色

（5）在步骤 4 中，需要创建或添加新角色，可以添加多个角色，如图 11-5 所示，添加完成后，单击"下一步"按钮。

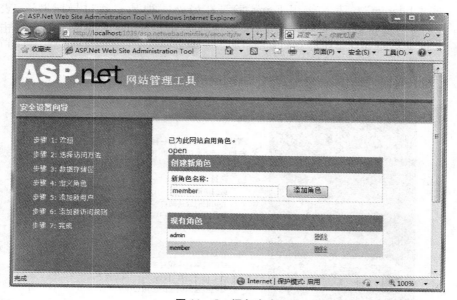

图 11-5 添加角色

（6）第 5 步是添加新用户，如图 11-6 所示，要求必须符合条件，否则显示验证错误信息。这些数据将保存在 ASPNETDB.mdf 数据库中。创建完用户后，单击"下一步"按钮。

第11章 用户和角色管理

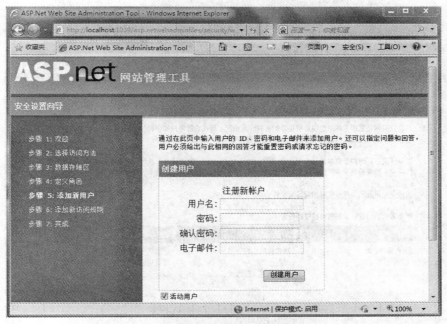

图 11-6 添加新用户

（7）如图 11-7 所示，第 6 步中需要添加访问规则，即添加各个角色可以访问的权限。例如，要求 admin 角色可以访问 Admin 文件，但是 member 角色不可以访问 Admin 文件。

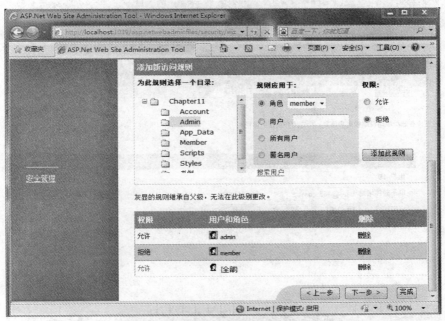

图 11-7 添加访问规则

（8）完成后显示结果，如图 11-8 所示。接下来，还需要对用户进行角色的分配。单击"管理用户"超链接，如图 11-9 所示。

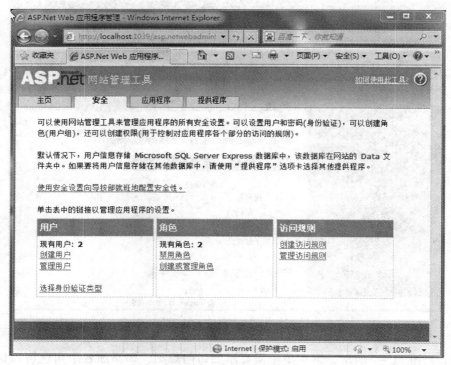

图 11-8　配置完成

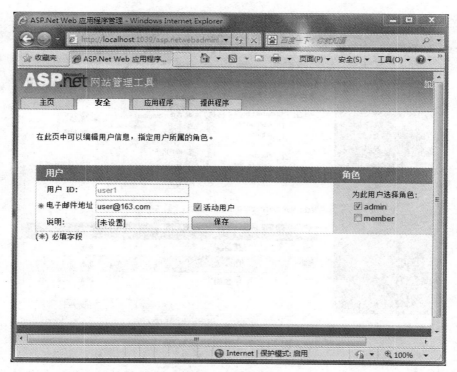

图 11-9　管理用户

第11章 用户和角色管理

至此，整个向导过程结束。在通常情况下，不大可能一次使用安全配置向导就能配置好Web站点。所以，常需要直接单击图11-8中的"创建用户"、"管理用户"、"创建和管理角色"等链接实现成员资格管理和角色管理。

> **注意**
> 只有当配置Web站点使用Forms验证后，在"安全"选项卡上才会显示当前创建的用户数量以及创建和管理用户链接。

11.3 利用登录控件建立安全页

任何利用身份验证来实现用户登录，并由此访问受保护资源的Web站点，都需要一系列用户注册登录来完成身份验证。经常需要的功能包括用户登录、创建新用户、显示登录状态、显示登录用户名、更新或重置密码等。利用ASP.NET的登录系列控件可以很方便地实现上述功能。

11.3.1 Login 控件

Login 控件是一个复合控件，它提供对网站上的用户进行身份验证所需的所有常见的UI元素。所有登录方案都需要以下3个元素：用于标识用户的唯一用户名、用于验证用户标识的密码和用于将登录信息发送到服务器的登录按钮。

Login 控件默认使用 Web.config 文件中定义的成员资格提供验证登录。Login 控件主要通过设置属性而不需要编写代码就能够实现登录验证功能。如表11-1所示，列出了Login 控件常用的属性。

表11-1 Login 控件常用属性

属 性	说 明
CreateUserText	获取或设置新用户注册页的链接文本
CreateUserUrl	获取或设置新用户注册页的 URL
DestinationPageUrl	获取或设置在登录尝试成功时向用户显示的页面的 URL
DisplayRememberMe	获取或设置一个值，该值指示是否显示复选框以使用户可以控制是否向浏览器发送持久性 Cookie
FailureAction	获取或设置当登录尝试失败时发生的操作
Password	获取用户输入的密码
PasswordRecoveryText	获取或设置密码恢复页链接的文本
PasswordRecoveryUrl	获取或设置密码恢复页的 URL
RememberMeSet	获取或设置一个值，该值指示是否将持久性身份验证 Cookie 发送到用户的浏览器
UserName	获取用户输入的用户名
VisibleWhenLoggedIn	获取或设置一个值，该值指示在验证用户身份后是否显示 Login 控件

例如，建立一个登录界面 Login.aspx，代码如下：

```
    <asp:Login ID ="Login1" runat ="server" CreateUserText ="需要注册!" Crea-
teUserUrl ="~/11 -3/Register.aspx"
    DestinationPageUrl ="~/11 -3/Default.aspx" PasswordRecoveryText ="忘记密
码?" PasswordRecoveryUrl ="~/11 -3/PasswordRecovery.aspx">
    </asp:Login>
```

显示结果如图 11 - 10 所示。

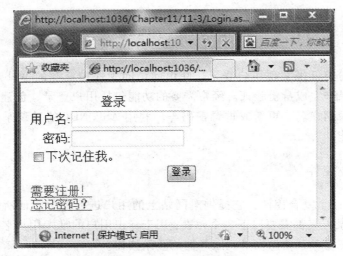

图 11 - 10 Login 登录浏览

11.3.2 CreateUserWizard 控件

CreateUserWizard 控件主要用于创建新用户,并将用户名和密码发送到指定邮箱中,将新建用户信息存储到默认数据库中。常用属性见表 11 - 2。

表 11 - 2 CreateUserWizard 控件常用属性

属 性	说 明
ActiveStepIndex	获取或设置当前向用户显示的步骤
Answer	获取或设置最终用户对密码恢复确认问题的答案
AutoGeneratePassword	获取或设置用于指示是否自动为新用户账户生成密码的值
ConfirmPassword	获取用户输入的第二个密码
ContinueDestinationPageUrl	获取或设置在用户单击成功页上的"继续"按钮后将看到的页的 URL
DisableCreatedUser	获取或设置一个值,该值指示是否应允许新用户登录到网站
Email	获取或设置用户输入的电子邮件地址
LoginCreatedUser	获取或设置一个值,该值指示在创建用户账户后是否登录新用户
Password	获取用户输入的密码
Question	获取或设置用户输入的密码恢复确认的问题
UserName	获取或设置用户输入的用户名
CreatedUser	在成员资格提供程序创建了新的网站用户账户后发生

该控件需要与 web.config 文件中 <membership> 配置信息结合，如密码要求为"密码最短长度为 6，其中必须包含以下非字母数字字符：0"。

```
<membership>
  <providers>
    <clear/>
    < add name =" AspNetSqlMembershipProvider" type ="
System.Web.Security.SqlMembershipProvider" connectionStringName =" ApplicationServices" enablePasswordRetrieval =" false" enablePasswordReset =" true"
requiresQuestionAndAnswer ="true" requiresUniqueEmail ="false" maxInvalidPasswordAttempts ="5" minRequiredPasswordLength ="6" minRequiredNonalphanumericCharacters ="0" passwordAttemptWindow ="10" applicationName ="/"/>
  </providers>
</membership>
```

并且需要在 web.config 文件中添加以下代码：

```
<system.net>
  <mailSettings>
    <smtp deliveryMethod ="Network">
      <network defaultCredentials ="false" host ="smtp.126.com" port ="25" userName ="**@126.com" password ="*****"/>
    </smtp>
  </mailSettings>
</system.net>
```

其中，host ="smtp.126.com"表示 SMPT 服务器名；port ="25"表示 SMPT 服务器端口号；userName ="**@126.com"表示发件人邮箱地址；password ="*****"表示发件人邮箱密码。

创建一网页 Register.aspx 代码如下。

```
<asp:CreateUserWizard ID ="CreateUserWizard1" runat ="server" ContinueDestinationPageUrl ="~/11-3/Login.aspx"
        ContinueButtonText ="登录" OnCreatedUser ="CreateUserWizard1_CreatedUser">
        <MailDefinition BodyFileName ="~/11-3/Email.txt" From ="**@126.com"
            IsBodyHtml ="true" Subject ="感谢注册!">
        </MailDefinition>
        <WizardSteps>
          <asp:CreateUserWizardStep ID ="CreateUserWizardStep1" runat ="server">
          </asp:CreateUserWizardStep>
```

```
              <asp:CompleteWizardStep ID ="CompleteWizardStep1" runat ="server">
              </asp:CompleteWizardStep>
          </WizardSteps>
      </asp:CreateUserWizard>
```

Register.aspx.cs 代码如下。

```
using System.Web.Security;

    protected void CreateUserWizard1_CreatedUser(object sender, EventArgs e)
    {
        Roles.AddUserToRole(CreateUserWizard1.UserName,"member");
        //将新注册的用户添加到 member 角色中

    }
```

其中 Email.txt 文本文件内容如下。

```
感谢您注册本网站! <br/>
您的用户名是:<% userName %>   <br/>
您的密码是:<% password %> <br/>
```

其中，用 <% userName %> 和 <% password %> 表示用户名和密码，在发送邮件的内容中，用户名和密码从数据库中读取，发送给用户注册的邮箱中。注册页面如图 11-11 所示。

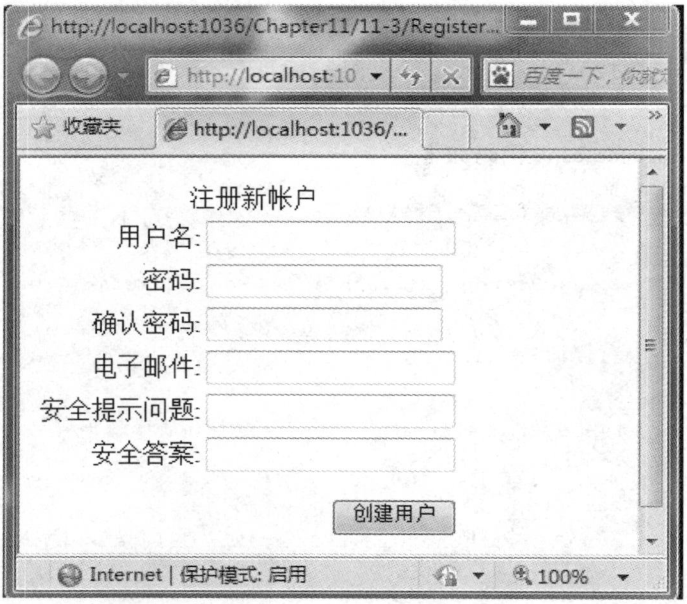

图 11-11 注册页面显示效果

> **注意**
> 注册时填写的邮箱地址必须有效,因为注册完成后会发送到注册的邮箱中,并且在忘记密码的情况下,会通过验证,将密码发送到注册邮箱中。

11.3.3 LoginName 控件

默认情况下,LoginName 控件显示用户登录验证之后的用户名。若要更改由 LoginName 控件显示的文本,可以设置 FormatString 属性。

```
<asp:LoginName ID="LoginName1" runat="server" FormatString="欢迎{0}用户登录!" />
```

> **注意**
> 仅当当前用户已通过身份验证时,才显示该用户的登录名。如果用户尚未登录,则不呈现该控件。

11.3.4 LoginStatus 控件

LoginStatus 控件显示用户的登录状态,根据用户是否登录而变化。如果网站使用 ASP.NET 成员资格(Forms 身份验证)进行用户身份验证,则可以使用 LoginStatus 控件显示用户的状态。

默认情况下,LoginStatus 控件会呈现一个超链接。通过设置 LoginText 属性可以配置超链接文本。此外,还可以对 LoginStatus 控件进行配置以显示图像(ImageButton 控件)。

例如,在登录后的首页 Default.aspx 中添加该控件,代码如下:

```
<asp:LoginStatus ID="LoginStatus2" runat="server" LoginText="我要登录" LogoutAction="RedirectToLoginPage" LogoutText="我要注销!" />
```

11.3.5 LoginView 控件

LoginView 控件根据用户是否通过身份验证以及网站角色验证(如果用户已通过身份验证),为不同的用户显示不同的网站内容模板。

为 LoginView 类的以下 3 个模板属性中的任何一个属性分配了模板后,LoginView 控件将管理不同模板之间的切换。

- AnonymousTemplate:指定向未登录到网站的用户显示的模板。登录用户永远看不到此模板。
- LoggedInTemplate:指定向已登录到网站但不属于任何具有已定义模板的角色组的用户显示的默认模板。
- RoleGroups:指定向已经登录并且是具有已定义角色组模板的角色组的成员的用户显示的模板。内容模板与 RoleGroup 实例中的特定角色集相关联。

按照在源程序中定义角色组模板的顺序对它们进行搜索。向用户显示第一个匹配的角色组模板。如果用户是多个角色的成员，则使用第一个与该用户的任意一个角色相匹配的角色组模板。如果有多个模板与单个角色相关联，则仅使用第一个定义的模板。

例如，在 Default.aspx 页中，显示不同用户登录情况，代码如下。

```
<div>
    <asp:LoginStatus ID="LoginStatus2" runat="server" LoginText="我要登录" LogoutAction="RedirectToLoginPage"
        LogoutText="我要注销！"/>
    <br/>
    <asp:LoginName ID="LoginName1" runat="server" FormatString="欢迎{0}用户登录！"/>
    <br/>
    <asp:LoginView ID="LoginView1" runat="server">
        <RoleGroups>
            <asp:RoleGroup Roles="admin">
                <ContentTemplate>
                    <asp:Label ID="Label1" runat="server" Text="">您的角色为admin,不是member！</asp:Label><br/>
                    <asp:Button ID="Button1" runat="server" Text="修改密码" OnClick="Button1_Click"/>
                </ContentTemplate>
            </asp:RoleGroup>
            <asp:RoleGroup Roles="member">
                <ContentTemplate>
                    <asp:Label ID="Label1" runat="server" Text="">您的角色为member,不是admin！</asp:Label><br/>
                    <asp:Button ID="Button1" runat="server" Text="修改密码" OnClick="Button1_Click"/>
                </ContentTemplate>
            </asp:RoleGroup>
        </RoleGroups>
        <LoggedInTemplate>
            <asp:Label ID="Label1" runat="server" Text="">您不属于任何角色！</asp:Label>
        </LoggedInTemplate>
        <AnonymousTemplate>
            <asp:Label ID="Label1" runat="server" Text="">您是匿名用户！</asp:Label>
        </AnonymousTemplate>
    </asp:LoginView>
</div>
```

Default.aspx.cs 文件代码如下：

```
protected void Button1_Click(object sender, EventArgs e)
    {
        Response.Redirect("ChangePassword.aspx");
    }
```

如图 11-12～图 11-14 所示，不同用户进入 Default.aspx 后显示不同内容。

图 11-12　匿名登录

图 11-13　登录用户不属于角色

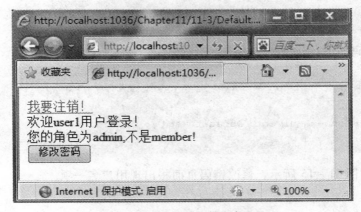

图 11-14　admin 角色用户登录

11.3.6 ChangePassword 控件

在页面上使用 ChangePassword 控件使得网站的用户能够更改其登录该网站时所使用的密码。

ChangePassword 控件使用 MembershipProvider 属性中定义的成员资格提供程序来更改该网站的成员资格提供程序数据存储区中存储的密码。如果未指定成员资格提供程序，ChangePassword 控件将使用 Web.config 文件的 membership 节中定义的默认成员资格提供程序。ChangePassword 控件使用户可以执行以下操作：在登录的情况下更改其密码；在未登录的情况下更改其密码，条件是包含 ChangePassword 控件的页面允许匿名访问并且 DisplayUserName 属性设置为 True。

更改某用户账户的密码，即使以另一用户的身份登录亦可。这需要 DisplayUserName 属性设置为 True。

将 DisplayUserName 属性设置为 True 时，页面上将显示"用户名"文本框，用户可以在此键入用户名。在用户已登录的情况下，UserName 控件中将填有登录用户的用户名。在更改指定用户名的密码后，用户将以更改后的密码登录到关联的账户，而无论该用户此前是否登录到该账户。

用户可以使用丰富的样式属性集自定义 ChangePassword 控件的外观。如果需要完全控制 ChangePassword 控件的外观，也可以将自定义模板应用于这两个视图。

例如，Web.config 文件代码如下：

```
<asp:ChangePassword ID="ChangePassword1" runat="server" CancelDestinationPageUrl="~/11-3/Default.aspx" DisplayUserName="true">
    <SuccessTemplate>
        密码修改成功！<br />
        <asp:Button ID="Button1" runat="server" Text="返回" OnClick="Button1_Click" />
    </SuccessTemplate>
</asp:ChangePassword>
```

.cs 文件代码如下：

```
protected void Button1_Click(object sender, EventArgs e)
{
    Response.Redirect("Default.aspx");
}
```

显示结果如图 11-15 所示，修改密码页面将出现用户名一项。

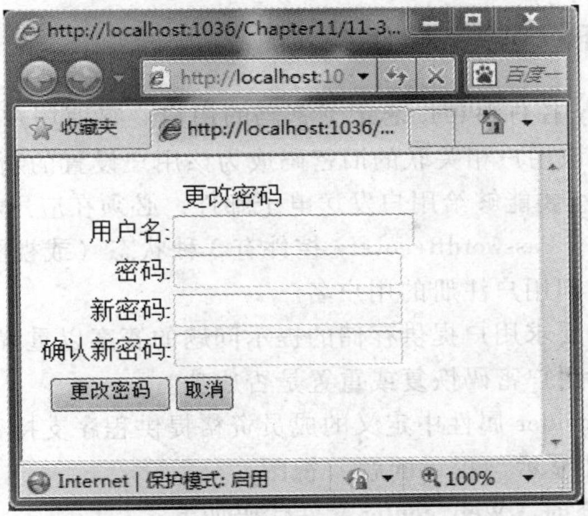

图 11-15　为某用户更改密码

又如，Web.config 文件代码如下所示：

```
    < asp:ChangePassword ID ="ChangePassword1" runat ="server" CancelDestina-
tionPageUrl ="~/11-3/Default.aspx">
        <SuccessTemplate>
            密码修改成功！<br />
            <asp:Button ID ="Button1" runat ="server" Text ="返回" OnClick
="Button1_Click" />
        </SuccessTemplate>
    </asp:ChangePassword>
```

.cs 文件代码如下：

```
protected void Button1_Click(object sender, EventArgs e)
    {
        Response.Redirect("Default.aspx");
    }
```

在用户登录状态下修改密码，显示结果如图 11-16 所示。

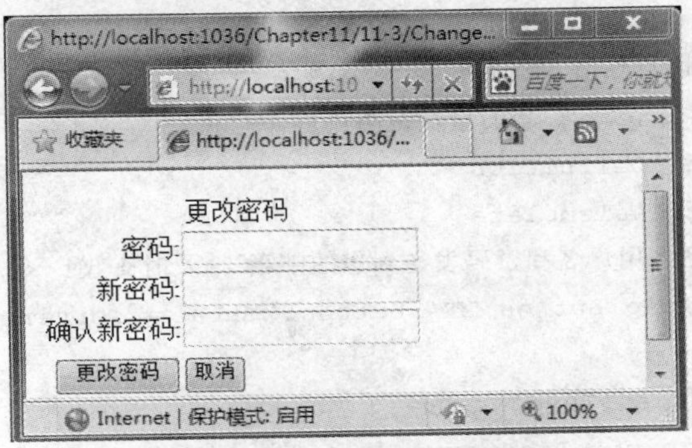

图 11-16　登录后修改密码

11.3.7 PasswordRecovery 控件

用 PasswordRecovery 控件可帮助忘记了密码的用户。它使用户能够请求获得一封电子邮件,邮件中包含有和该用户相关联的旧密码成为该用户设置的新密码。电子邮件是通过 MailDefinition 类发送的。要能够给用户发送电子邮件,必须在应用程序的 Web.config 文件中配置电子邮件服务器。PasswordRecovery 控件有 3 种状态（或视图）如下。

- 用户名视图:询问用户注册的用户名。
- 提示问题视图:要求用户提供存储的提示问题的答案以重置密码。
- 成功视图:告诉用户密码恢复或重置是否成功。

仅当 MembershipProvider 属性中定义的成员资格提供程序支持密码提示问题和答案时,PasswordRecovery 控件才显示"提示问题"视图。

"用户名视图"状态时,Web.config 文件代码如下:

```
<membership>
        <providers>
        <clear/>
        <add name="AspNetSqlMembershipProvider" type="System.Web.Security.SqlMembershipProvider" connectionStringName="ApplicationServices" enablePasswordRetrieval="false" enablePasswordReset="true" requiresQuestionAndAnswer="false" requiresUniqueEmail="false" maxInvalidPasswordAttempts="5" minRequiredPasswordLength="6" minRequiredNonalphanumericCharacters="0" passwordAttemptWindow="10" applicationName="/"/>
        </providers>
        </membership>
```

通过 EnablePasswordReset 属性获得一个值,指示当前成员资格提供程序是否配置为允许用户重置其密码。密码为随机产生的。

当需要问题验证时,首先设置 web.config 中的配置,将 <membership> 中的 requiresQuestionAndAnswer 赋值为"true"。

在网页中插入 PasswordRecovery 控件,用于将用户名和新密码发送到其电子邮箱,代码如下:

```
<asp:PasswordRecovery ID="PasswordRecovery1" runat="server">
        <MailDefinition BodyFileName="~/11-3/Returnpassword.txt" From="**@126.com" IsBodyHtml="true"
        Subject="您的重置密码!">
        </MailDefinition>
        <SuccessTemplate>
        已将用户名和密码发送到您的邮箱,请及时查收! <br/>
        <asp:Button ID="Button1" runat="server" Text="登录" OnClick="Button1_Click"/>
        </SuccessTemplate>
        </asp:PasswordRecovery>
```

.cs 文件中代码如下：

```
protected void Button1_Click(object sender, EventArgs e)
    {
        Response.Redirect("Login.aspx");
    }
```

其中，Returnpassword.txt 显示内容为如下所示：

```
用户重置密码！<br/>
您的用户名是：<% userName %>    <br/>
您的密码是：<% password %>  <br/>
```

显示结果如图 11-17～图 11-19 所示。

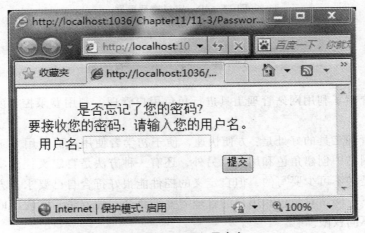

图 11-17　写入用户名

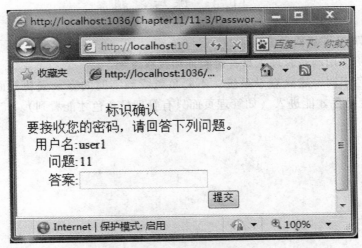

图 11-18　回答问题答案

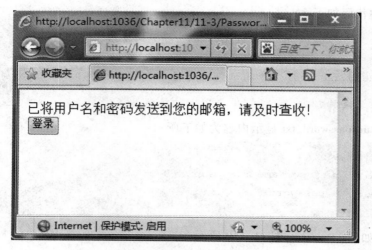

图 11-19 完成密码重置

11.4 小 结

本章主要介绍了利用网站管理工具进行角色用户管理，利用登录控件实现 Forms 身份验证。

使用网站管理工具的好处是：方便快速，便于初学者使用；而使用登录控件比较灵活直观，可以在网站中创建角色和用户。另外，还有一种方法是自定义控件实现用户角色管理，虽然代码是必不可少要写的，但自定义的控件能很好符合自己要求，方便自己维护管理。一般情况下，网站对角色和用户的管理需要结合这三种方法，实现不同用户在不同角色中所授予的不同权限。

11.5 课后习题

1. ASP.NET 提供几种身份验证？
2. 举例说明使用网站管理工具身份验证和授权过程。
3. 利用角色不同，建立登录系统。不同角色看到不同的登录成功界面内容，某些特殊页面需要特定角色才能进入（如管理页面只有管理员角色才能看到）。

第 12 章　Web 服务与 WCF 服务

在 .NET FrameWork 4.0 之前，已经出现了 Web Service、.NET Remoting 和 WCF（Windows Communication Foundation）这些通信方式，但是由于前两者在实际开发应用中存在的一些弊端和不便，使得微软在 .NET FrameWork 4.0 中放弃了它们，转而将重点放在了 WCF，并且使 WCF 在 .NET FrameWork 4.0 中变得更加容易和便捷。但是对于初学者来说，要想理解 Web 通信方面的技术发展，Web Service 在其中还是发挥了非常大的作用，学习它对于理解 WCF 会更加容易。

那么，什么是 Web Service 呢？从底层原理来看，Web Service 可以接收从 Internet 或者 Intranet 上的其他系统传递过来的请求，是一种轻量级的独立通信技术。

互联网中的各种应用十分庞大，并且很多都是使用不同的技术开发的，那么如果使一种应用通过一定的方法获得使用另一种应用中已经开发好并且成熟的部分，会极大方便应用的开发，那么这就需要服务器端提供对外服务的接口，其他客户端应用都去调用这个接口。同时对于高层的技术语言，系统框架都是透明的，即在互联网中是兼容的，使得它具有松耦合、跨平台、语言无关、描述的、可发现等优秀特性。这就是 Web Service 要完成的任务。

在实际应用中，特别是大型企业，数据常来源于不同的平台和系统。Web 服务为这种情况下数据集成提供了一种便捷的方式。通过访问和使用远程 Web 服务可以访问不同系统中的数据。在使用时，通过 Web 服务 Web 应用程序不仅可以共享数据，还可以调用其他应用程序生成的数据，而不用考虑其他应用程序是如何生成这些数据的。返回数据而不是返回页面是 Web 服务的重要特点。

下面就来具体介绍 Web Service 和 WCF 的创建和使用。

12.1　Web 服务

12.1.1　建立 Web 服务

在 Visual Studio 中新建项目，选择 .NET FrameWork 3.5（4.0 需要手动建立每个文件），选中"ASP.NET Web 服务应用程序"，如图 12-1 所示，填入相应的项目名称和位置后，单击"确定"按钮，Visual Studio 会自动创建好所需的各个文件。

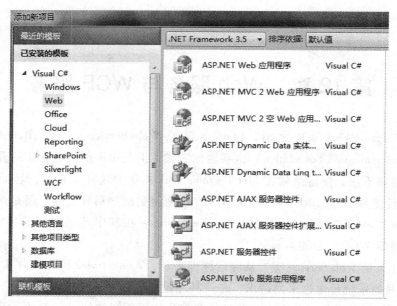

图 12-1 创建 web 服务项目

其中，Service1.asmx 文件就是要创建的服务文件，创建方法代码如下。

```csharp
public class Service1 : System.Web.Services.WebService
{

    [WebMethod]                                    //声明 Web 方法，不可省略
    public string Hello()                          //创建 Web 方法
    {
        return "欢迎使用 Web Service";
    }
    [WebMethod(Description = "加法计算")]
    public int Plus(int a, int b)                  //用户输入整型加数和被加数
    {
        return a + b;                              //返回整型和
    }
    [WebMethod(Description = "登录服务")]
    public bool Login(string name, string pass)
    {
        if (name == "Bill" && pass == "123")
        {
            return true;
        }
        else
            return false;
    }
}
```

其中，实现了 3 个简单方法，分别是 Hello( )、Plus( ) 和 Login( )。每个方法上一行都带有 [WebMethod] 声明，而且 WebMethod 又有各种特性，来对方法进行说明限制等。表 12-1 是对其特性的说明。

表 12-1 WebMethod 属性表

属性	功能	示例
BufferResponse	设置为 True 时，XML Web 服务的响应就保存在内存中，并发送为一个完整的包。如果该属性设置为 False，则响应在服务器上构造的同时，会发送给客户机	[WebMethod (BufferResponse = true)]
CacheDuration	指定响应在系统的高速缓存中的保存时间（秒），默认值为 0，表示禁用高速缓存。把 XML Web 服务的响应放在高速缓存中，会提高 Web 服务的性能	[WebMethod (BufferResponse = true, CacheDuration = 30)]
Description	对在 XML Web 服务的测试页面上显示的 Web Method 应用文本的描述	[WebMethod (Description = "该方法用于获取一个简单的字符串")]
EnableSession	设置为 True 时，会激活 Web Method 的会话状态，其默认值为 False	[WebMethod (EnableSession = true)]
MessageName	给 Method 指定一个唯一的名称，如果要使用重载的 Web Method，则必须指定	[WebMethod (MessageName = "Method1")]
TransactionOption	为 Web Method 指定事务的支持，其默认值为 Disabled。如果 Web Method 是启动事务的根对象，Web 服务就可以用另一个需要事务处理的 WebMethod 参与事务处理。其值可以是 NotSupported、Supported、Required 和 RequiresNew	[WebMethod (TransactionOption = System.EnterpriseServices.TransactionOption)]

在浏览器中运行该页，如图 12-2 所示。

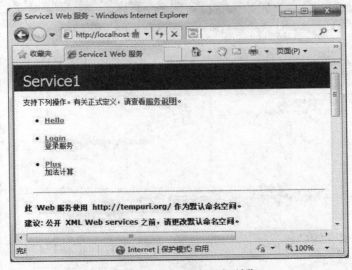

图 12-2 Web 服务运行浏览

可以看到在浏览器中已经显示出之前创建的 3 个方法，单击方法，Web Service 应用程序会跳转到另一个页面，该页面提供了方法的调用测试。如果方法要求输入参数，则输入相应数据，单击"调用"按钮，则浏览器会向 Web 服务递交请求信息，方法被执行完毕后，返回 XML 格式的结果，现在调用 Plus( )方法，返回的数据如图 12 - 3 所示。

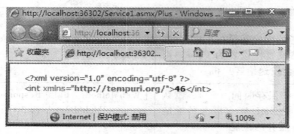

图 12 - 3 调用 Plus 方法结果

至此，简单的 Web 服务已经创建好了，那么在此基础上结合之前学过的知识，利用数据库知识，也能创建出更加复杂详细的服务，在互联网中最常用数据传输便是对 DataSet 数据的传输。可以创建一个返回值为 DataSet 类型的方法，当客户端应用程序调用时，会得到服务器传输过来的 DataSet 数据。当数据量比较庞大的时候，还可以对数据进行序列化，然后再向网络中传输。有时为了保证 Web 服务传输的安全性，经常采用的方法是 Soap 头验证方式，读者可以自己查阅相关资料学习。当开发人员实现丰富多彩的服务以后，并且将 Web 在服务器上配置好，就可以在客户端调用它使用了。

12.1.2 调用 Web 服务

要使用 ASP. NET Web 服务只需将服务以 Web 引用的方式添加到项目中，然后通过创建 Web 服务的实例来使用服务。这一节就来实现对 Web 服务调用。

（1）首先还是在 Visual Studio 中创建一个 Web 服务项目，右击"引用"一项，选择"添加服务引用"，在弹出的添加服务引用窗口中单击"发现"按钮查找服务，就可以查找到本解决方案中的服务，如果是其他服务器上的服务，也可以输入类似"http：//localhost:36302/Service1. asmx"服务 IP 地址，如图 12 - 4 所示。

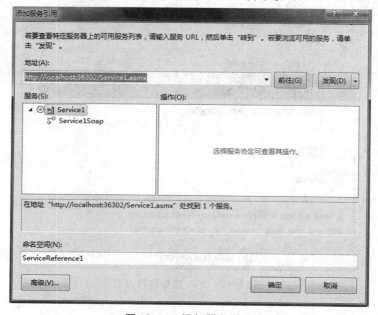

图 12 - 4 添加服务引用

第12章 Web服务与WCF服务

选择相应的服务引用后,再单击"确定"按钮确认添加,则服务引用添加成功,在解决方案管理器中则会出现相应的服务引用,如图 12-5 所示。

图 12-5 服务引用成功

(2)在 Default.aspx 页中添加 Web 窗体和其他控件,设计前台页面布局如图 12-6 所示。

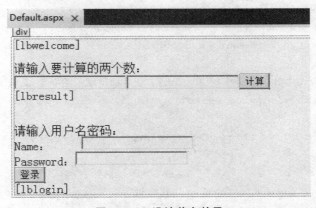

图 12-6 设计前台效果

部分源代码如下:

```
< asp:Label ID ="lbwelcome" runat ="server" > </asp:Label >
    < br />
    < br />
    请输入要计算的两个数:< br />
    < asp:TextBox ID ="tb1" runat ="server" > </asp:TextBox >
    < asp:TextBox ID ="tb2" runat ="server" > </asp:TextBox >
    < asp:Button ID ="btresult" runat ="server" onclick ="btresult_Click"
Text ="计算" />
    < br />
    < asp:Label ID ="lbresult" runat ="server" > </asp:Label >
    < br />
    < br />
    < br />
```

```
请输入用户名密码：<br />
Name:   
<asp:TextBox ID="tbname" runat="server"></asp:TextBox>
<br />
Password: êo<asp:TextBox ID="tbpass" runat="server"></asp:TextBox>
<br />
<asp:Button ID="btlogin" runat="server" onclick="btlogin_Click" Text="登录" />
<br />
<asp:Label ID="lblogin" runat="server"></asp:Label>
```

（3）输入.cs文件的后台代码如下：

```csharp
public partial class Default : System.Web.UI.Page
{
    ServiceReference1.Service1SoapClient service = new ServiceReference1.Service1SoapClient();        //实例化Web服务
    protected void Page_Load(object sender, EventArgs e)
    {
        //调用Web服务中的Hello()方法返回值赋值给一个Label控件
        lbwelcome.Text = service.Hello();
    }
    protected void btresult_Click(object sender, EventArgs e)
    {
        if (tb1.Text != "" && tb2.Text != "")
            lbresult.Text = "计算结果为：" + service.Plus(Convert.ToInt32(tb1.Text), Convert.ToInt32(tb2.Text)).ToString();//调用Web服务中的Plus()方法，返回结果
    }
    protected void btlogin_Click(object sender, EventArgs e)
    {
        if (tbname.Text != "" && tbpass.Text != "")
        {
            if (service.Login(tbname.Text, tbpass.Text))//调用Login方法同时判断
                lblogin.Text = "恭喜您登录成功!";
            else
                lblogin.Text = "登录失败!";
        }
    }
}
```

（4）对服务的调用实现结果在浏览器中的显示效果如图 12 - 7 所示。

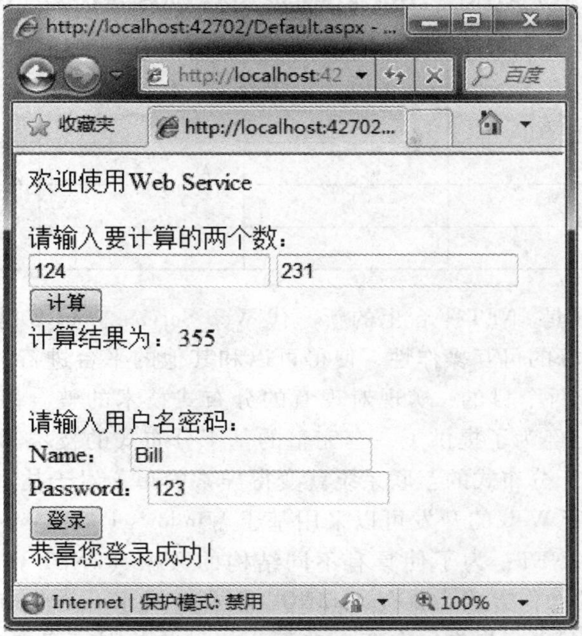

图 12 - 7　运行结果

互联网上提供了很多方便的 Web 服务，如"http://www.webxml.com.cn"网站提供了天气预报、邮政编码、IP 地址来源搜索、火车飞机时刻表等服务，当需要在 .NET 应用程序中调用这些服务时，首先要分析那些服务规定的各个字段，然后提取出需要的内容在合适的地方展示即可。

12.2　WCF 服务

12.2.1　概述

Windows Communication Foundation（WCF）是一个面向服务编程的综合分层架构。该架构的顶层称为服务模型层（Service Model Layer），使用户用最少的时间和精力建立自己的软件产品和外界通信的模型。它使得开发者能够建立一个跨平台的安全、可信赖、事务性的解决方案，且能与已有系统兼容协作。WCF 是 .NET Framework 的扩展，同时提供了一种在 Windows 环境下进行客户端开发和服务端开发的 SDK，并且为服务提供了运行环境。WCF 提供了创建安全的、可靠的、事务服务的统一框架，WCF 整合和扩展了现有分布式系统的开发技术，从功能的角度来看，WCF 完全可以看做是 ASMX、.Net Remoting、Enterprise Service、WSE、MSMQ 等技术的并集，如表 12 - 2 所示。

表12-2 各种服务特性功能表

特性	Web Service	.NET Remoting	Enterprise Services	WSE	MSMQ	WCF
具有互操作性的Web服务	支持					支持
.NET到.NET的通信		支持				支持
分布式事务			支持			支持
支持WS标准				支持		支持
消息队列					支持	支持

可以把 WCF 看成是 .NET 平台上的新一代 Web Service。WCF 提供了安全、可靠的消息通信，也提供了更好的可互操作性，使得可以和其他的平台进行"交流"。微软斥巨资打造 WCF，主要出于两个目的：实现对现有的分布式技术的整合以及顺应 SOA 的浪潮。在 WCF 之前，微软已经为了提供了一套完整的基于分布式的技术和产品，使用这些技术和产品来构建一个基于分布式的互联系统就变得异常简单。对于技术的发展，"统一"是一个主线：为了让基于 Web 的开发可以采用基于 Windows Form 的事件驱动、基于控件开发模式，就有了 ASP.NET；为了使具有不同结构的数据（.NET Object，XML，Relational Data etc）采用相同的操作方式，就有了 LINQ。同样，对于一个分布式系统的开发，将不同的分布式技术整合起来，提供一个统一的编程模型是绝对有必要的，WCF 就是基于这样的一个目的发展起来的。

在 Visual Studio 里，经常使用两种方式创建，WCF 服务库和 WCF 应用程序。前者可以认为是一个包含 WCF 服务的类库，库还不能直接运行，可以在其他项目里引用。后者是一个可以执行的程序，它有独立的进程，可以直接看到运行的效果。此项目模板应该是基于 IIS 托管的程序，开发基于 IIS 托管的 WCF 服务程序时，比较多见。

12.2.2 建立 WCF 服务

（1）添加新项目，在"WCF"一栏中选择"WCF 服务应用程序"，输入项目名称和文件位置，单击确定即可自动创建成功。在资源管理器中的文件树如图 12-8 所示。

图 12-8 添加 WCF 服务应用程序

其中 IService.cs 文件是用来定义接口的，而基于 IIS 的服务寄宿要求相应的 WCF 服务具有相应的 .svc 文件（当然在 WCF 服务库中是没有这个文件的），.svc 文件部署于 IIS 站

第12章　Web服务与WCF服务

点中，对 WCF 服务的调用体现在对 .svc 文件的访问上。.svc 文件的内容很简单，仅仅包含一个 ServiceHost 指令（Directive），该指令具有一个必须的 Service 属性和一些可选的属性。

打开 IService.cs 文件，可看到 [ServiceContract] 服务下的 IService 接口 [OperationContract]，打开 Service.svc.cs 文件可以看到 Service 类实现了 IService 接口中的 GetData() 和 GetDataUsingDataContract() 方法。上述内容是 Visual Studio 自动生成的默认方法。这就是一个最简单的 ASP.NET 4.0 中定义的 WCF 服务了，将它托管到 IIS 中就可以在客户端应用程序中调用使用了。

读者也许发现其实创建 WCF 也挺容易的，这里一方面是由于 ASP.NET 4.0 简化了宿主程序中绑定的过程，另一方面是这种服务是很类似于 Web 服务的一种形式，但它们的原理是不同的，读者需要注意这一点。

（2）在 IService1.cs 加入自定义的契约，代码如下：

```
//[ServiceContract(Name = "CalculatorService")]  //标识服务契约,加入 Name 属性描述
    public interface ICalculator              //定义接口
    {
        [OperationContract]                   //标识操作契约
        double Add(double x, double y);       //加法运算

        [OperationContract]
        double Subtract(double x, double y);  //减法运算

        [OperationContract]
        double Multiply(double x, double y);  //乘法运算

        [OperationContract]
        double Divide(double x, double y);    //除法运算
    }
```

这里将 [ServiceContract] 标识注释去掉，看看调用的时候会有怎样的结果。

（3）在 Service1.svc.cs 文件中添加实现方法，代码如下：

```
public class Service1 : IService1,ICalculator    //实现两个接口
    {   //原方法省略了实现代码
      public string GetData(int value){……}
      public CompositeType GetDataUsingDataContract(CompositeType composite){…}
        public double Add(double x, double y)     //加法运算
        {
            return x + y;
        }
        public double Subtract(double x, double y)  //减法运算
```

```
        {
            return x - y;
        }
        public double Multiply(double x, double y)        //乘法运算
        {
            return x * y;
        }
        public double Divide(double x, double y)          //除法运算
        {
            return x / y;
        }
    }
```

12.2.3 调用 WCF 服务

（1）新建一个 Web 应用程序，右击"引用"一项，选择"添加服务引用"，在弹出的添加服务引用窗口中单击"发现"按钮查找服务，就可以查找到本解决方案中的服务，如图 12-9 所示。如果是其他服务器上的服务，也可以输入类似服务的 IP 地址查看。这里由于是在一个解决方案中创建的 WCF 和 Web 服务，所以会发现两个服务，选择刚创建的 WCF 服务，发现只有 IService 接口，而没有刚定义的 ICalculator 接口，这时将［Service-Contract］标识注释去掉，再次添加服务引用，ICalculatorService 接口和相应的方法就会出现，可见标识不可省略。选择 Service1，单击"确定"按钮，就会在应用程序中生成了相应的引用。

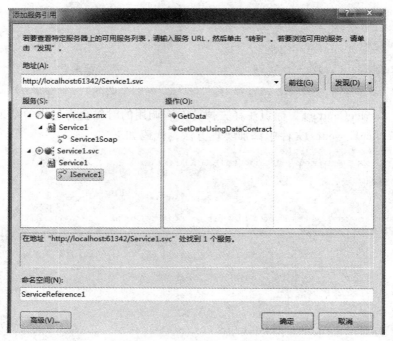

图 12-9 添加服务引用

（2）在 Web 页面上添加相应的文本框和按钮控件，如图 12-10 所示。

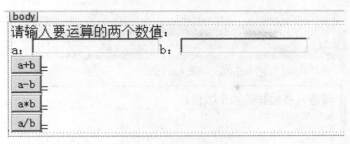

图 12-10　控件设计

（3）在.cs 文件中添加代码如下：

```
    ServiceReference1.CalculatorServiceClient calculator = new ServiceReference1.CalculatorServiceClient();        //实例引用中的 CalculatorServiceClient 对象
        protected void Page_Load(object sender, EventArgs e)
        {
        }
        protected void btadd_Click(object sender, EventArgs e)
        {
            if (tb1.Text ! = "" && tb2.Text ! = "")
                lbadd.Text = calculator.Add(Convert.ToDouble(tb1.Text), Convert.ToDouble(tb2.Text)).ToString();
        }
        protected void Button2_Click(object sender, EventArgs e)
        {
            if (tb1.Text ! = "" && tb2.Text ! = "")
                lbsub.Text = calculator.Subtract(Convert.ToDouble(tb1.Text), Convert.ToDouble(tb2.Text)).ToString();
        }
        protected void Button3_Click(object sender, EventArgs e)
        {
            if (tb1.Text ! = "" && tb2.Text ! = "")
                lbmul.Text = calculator.Multiply(Convert.ToDouble(tb1.Text), Convert.ToDouble(tb2.Text)).ToString();
        }
        protected void Button4_Click(object sender, EventArgs e)
        {
            if (tb1.Text ! = "" && tb2.Text ! = "")
                lbdiv.Text = calculator.Divide(Convert.ToDouble(tb1.Text), Convert.ToDouble(tb2.Text)).ToString();
        }
```

（4）在浏览器中运行的效果如图 12 – 11 所示。

图 12 – 11　运行结果

至此，可以看到一个完整 WCF 服务已经实现了。

关于 WCF 的内容还有很多，包括宿主绑定的详细设置、元数据交换、可靠性、序列化及双向通信等，建议读者在能力范围之内学习使用。

12.3　小　　结

使用 ASP. NET Web 服务需要首先添加 Web 引用，再应用到 Web 窗体中。在调用 ASP. NET Web 服务时，可以使用 HTTP – GET、HTTP – POST 和 SOAP 等协议。

建立 WCF 服务需要建立服务定义文件、服务接口文件和服务逻辑处理文件。在使用 WCF 服务时，需要首先添加服务引用，再应用到 Web 窗体中。

关于 ASP. NET 通信这方面的内容十分庞大，可以独立成为一个发展分支。近年来，分布式和开放平台项目发展十分迅速，也带动了 WCF 的蓬勃发展。读者和开发人员应着眼长远，不断关注互联网的发展趋势。虽然有了综合性更强、功能更大的 WCF，但是如果想要成为一名互联网高级技术人员的话，根基十分重要，建议读者先从基础学起，了解 Enterprise Sevices（COM +）、.Net Remoting、Web Service（ASMX）、WSE 3.0 和 MSMQ 消息队列等相关概念以后，再来学习 WCF 技术。读者还可以研究 WCF 底层相关的知识，如线程模型、安全协议、通道模型等。

12.4　课后习题

1. 简述 WCF 服务与 Web 服务的区别。

2. 设计一个储存用户信息的数据库并建立 WCF 服务，根据个人的身份证号码（或其他唯一标识）返回个人的详细信息。

3. 在 http：//www. webxml. com. cn/zh_ cn/index. aspx 网站中提供了很多 Web 服务，请编写使用该服务的应用程序，实现不同城市的天气查询功能。

第 13 章 AJAX 应用服务

13.1 概 述

AJAX 全称为"Asynchronous JavaScript and XML"（异步 JavaScript 和 XML），是指一种创建交互式网页应用的网页开发技术，也是一种运用 JavaScript 和 XML 语言，在网络浏览器和服务器之间传送或接收数据的技术。通常称 AJAX 页面为无刷新 Web 页面。

AJAX 所用到的技术包括以下方面。

- XMLHttpRequest 对象：该对象允许浏览器与 Web 服务器通信，可以在 IE5.0 以上的浏览器中使用。
- JavaScript 代码：这是运行 AJAX Web 应用程序的核心代码，帮助改进与服务器应用程序的通信。
- DHTML：通过使用 <div>、<span> 和其他动态 HTML 元素来动态更新表单。
- 文档对象模型 DOM：通过 JavaScript 代码使用 DOM 处理 HTML 结构和服务器返回的 XML。

AJAX 并没有创造出某种具体的新技术，它所使用的所有技术都是在很多年前就已经存在了，然而 AJAX 以一种崭新的方式来使用所有的这些技术，使得古老的 B/S 方式的 Web 开发焕发了新的活力，迎来了第二个春天。AJAX 技术之中，最核心的技术就是 XMLHttpRequest，XMLHttpRequest 可以提供不重新加载页面的情况下更新网页，即实现了布局刷新功能。XMLHttpRequest 对象提供了对 HTTP 协议的完全的访问，包括做出 POST 及 GET 请求的能力。XMLHttpRequest 可以同步或异步地返回 Web 服务器的响应，并且能够以文本或者一个 DOM 文档的形式返回内容，是 AJAX 程序架构的一项关键功能。

与传统的 Web 开发不同，在 AJAX 应用中，每个页面上面都包括一些使用 JavaScript 开发的 AJAX 组件。这些组件使用 XMLHttpRequest 对象以异步的方式与服务器通信，从服务器获取需要的数据后更新页面中的一部分内容，它使浏览器可以为用户提供更为自然的浏览体验。在 AJAX 之前，Web 站点强制用户进入提交/等待/重新显示范例，用户的动作总是与服务器的"思考时间"同步。借助 AJAX，可以在用户单击按钮时，使用 JavaScript 和 DHTML 立即更新 UI，并向服务器发出异步请求，以执行更新或查询数据库。当请求返回时，就可以使用 JavaScript 和 CSS 来相应地更新 UI，而不是刷新整个页面。最重要的是，用户甚至不知道浏览器正在与服务器通信。

AJAX 应用与传统的 Web 应用的区别主要在以下 3 个方面。

- 不刷新整个页面，实现页面局部与服务器端的动态交互。
- 使用异步方式与服务器通信，不需要打断用户的操作，具有更加迅速的响应能力。
- 应用服务仅由少量页面组成。大部分交互在页面之内完成，不需要切换整个页面。

由此可见，AJAX 使得 Web 应用更加动态，带来了更高的智能，并且提供了表现能力丰富的 AJAX UI 组件。这样一类新型的 Web 应用叫做 RIA（Rich Internet Application）应用。目前 AJAX 已经成为了 Web 应用的主流开发技术，大量的业界巨头已经采纳并且在大力推动这个技术的发展，其中非常引人注目的如 Google 的 goole maps 和微软的 windows live 等。

到这里，读者应该对 AJAX 有一个总体印象了，那么 AJAX 具体是怎么实现的呢？

AJAX 的工作原理相当于在用户和服务器之间加了一个中间层即 AJAX 引擎，使用户请求与服务器响应异步化。这样使页面像桌面程序一样不必每次都刷新，也不用每次将数据处理的工作都交给服务器来做，而是把以前的一些服务器负担的工作转交给客户端，利用客户端闲置的处理能力来处理，减轻服务器和带宽的负担。简而言之，就是通过 XmlHttpRequest 使客户端可以使用 JavaScript 向服务器提出请求并处理响应，而不阻塞用户。

下面以购物车为例，展示 AJAX 是如何减轻服务器和带宽负担的。

传统 Web 站点中，在用户单击一个按钮时，会触发一个页面回送效果，用于整个页面的更新，这样在客户端与服务器之间就传输了整个页面的数据。假如用户需要的只是更新页面中很小的一块区域，如购物车中的账单总额信息，上面的机制显然不合适，尤其是在带宽比较小或服务器负载比较大时，对用户的上网体验有很大的影响。如果使用 AJAX 技术，上面的问题就迎刃而解了。用户将需要更新的那一块小区域单独拿出来，每次单击按钮时，不再产生整个页面的回送，而仅仅是这个小区域的局部回送而已，这样，服务器不必处理整个页面的请求了，带宽负载也由上百 KB 降到几 KB 而已，由此可以提供响应更加灵敏的 UI，并消除页面刷新所带来的闪烁，用户体验可见一斑。

13.2 实例讲解常用 AJAX 控件

实例 13-1 认识局部刷新 1

图 13-1 给出了 Visual Studio 2010 工具箱中 AJAX Extensions。这些 ASP. NET AJAX 服务器控件在使用时与其他 ASP. NET 控件一样方便，主要包括 UpdatePanel、UpdateProgress、Timer 以及 ScriptManager 等服务器端控件。下面展示 ASP. NET AJAX 应用程序的构建与使用方法。

图 13-1 ASP. NET AJAX 服务器控件

（1）新建一个 ASP. NET 4.0 的网站，在项目中添加一个名为 13-1. aspx 的 Web 窗体。

(2) 从工具箱的标准控件中拖取一个 Button 控件（Button1）和一个 Label 控件（Label1），然后在 AJAX Extensions 中拖取一个 ScriptManager 控件和一个 UpdatePanel 控件，最后在 UpdatePanel 里面放入一个 Button 控件（Button2）和一个 Label 控件（Label2），如图 13-2 所示。

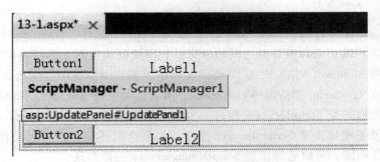

图 13-2　前台设计图

(3) 双击 Button1，进入 .cs 后台文件，代码如下：

```
{
    protected void Page_Load(object sender, EventArgs e)
    {

    }
    protected void Button1_Click(object sender, EventArgs e)
    {
        Label1.Text = DateTime.Now.ToLongTimeString();
    }
    protected void Button2_Click(object sender, EventArgs e)
    {
        Label2.Text = DateTime.Now.ToLongTimeString();
    }
}
```

(4) 按 F5 键运行，单击 Button1，观察浏览器底端状态栏的进度条，可以看到整个页面的回送，如图 13-3 所示。

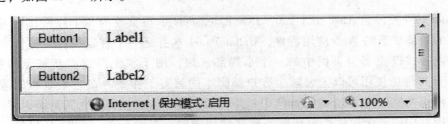

图 13-3　单击 button1 的结果

(5) 单击 Button2，观察浏览器底端状态栏的进度条，看不到整个页面的回送。但是通过时间的改变，能够知道 Label2 所在的小区域发生了页面的局部回送，引起 Label2 的

数据更新。

这个程序展示了 AJAX 应用服务的大致用法，下面开始介绍 AJAX Extensions 中的服务器控件。

1. ScriptManager 控件

ScriptManager 控件包括在 ASP.NET 2.0 AJAX Extensions 中，是 ASP.NET 中 AJAX 功能的核心，是客户端页面和服务器之间的桥梁。它用来处理页面上的所有组件以及页面局部更新，包括将 Microsoft AJAX 库的 JavaScript 脚本下载到浏览器中生成相关的客户端代理脚本以及能够在 JavaScript 中访问 Web Service，所有需要支持 ASP.NET AJAX 的 ASP.NET 页面上有且只能有一个 ScriptManager 控件。如果在母版页中已添加了 ScriptManager 控件，则在内容页中就不能再添加 ScriptManager 控件。如果这时还要在内容页中使用 ScriptManager 控件的其他功能，可以通过添加 ScriptManagerProxy 控件实现。

ScriptManagerProxy 主要的功能如下。

（1）负责自动建立客户端浏览器上需要的 AJAX Client – Script（也就是 JavaScript 代码），并且针对页面上需要的各项 JavaScript 机制进行处理。

（2）ScriptManager 控件对于整个异步 Postback 有着决定性的影响，配合 UpdatePanel 提供异步 Postback 的能力，并且"管理"异步 Postback 的进行。

（3）让开发人员可以通过前端的 JavaScript 代码来调用后端的 Web Services，提供手动的 AJAX 功能。

（4）提供 Microsoft AJAX Library 中的 Client – Script，让开发人员可以简化 JavaScript 的撰写，并且扩充 JavaScript 的功能。

因此，无论需要何种 AJAX 功能，都需要在页面上拖拽出 ScriptManager 控件，作为一切的基础。如果只是在一小部分的页面上需要 AJAX 功能，那么通常可以将 ScriptManager 控件直接放到内容页中，如果在整个站点都需要 AJAX，那么将 ScriptManager 控件放到母版页中是一个理想的解决方案，这样在各内容页中就不需要放置 ScriptManager 控件了。

ScriptManager 控件有许多属性，其中绝大部分主要用于高级场景，对于简单应用来说，不需要改变 ScriptManager 控件的任何属性，但是在面对复杂的、更加丰富的应用时，就需要更改相关的属性了，感兴趣的读者可以查阅相关资料进一步学习。

2. UpdatePanel 控件

UpdatePanel 控件是 ASP.NET 2.0 AJAX Extensions 中很重要的一个控件，它可以用来创建丰富的局部更新的 Web 应用程序。UpdatePanel 本身是一个容器控件，控件本身不会显示任何内容，仅相当于页面中的一个小局部区域，用于实现局部刷新和无闪烁页面。UpdatePanel 控件的使用可以大大减少客户端脚本的编写工作量。在它最基本的应用程序中，只要将相关控件放入 UpdatePanel 中，并将 ScriptManager 控件加入到页面即可。当 UpdatePanel 控件中的某个控件产生到服务器端的回送时，只刷新 UpdatePanel 区域，其外的页面部分并不会更新。

正如实例 13 – 1 那样，在单击 UpdatePanel 里面的 Button2 时，只有 UpdatePanel 里面的 Label2 发生了变化，处于其外的 Label1 并没有更新内容。看到这里，有些读者肯定会

第13章　AJAX应用服务

产生疑问，因为Button2_Click事件中，并没有改变Label1显示的值，所以，在单击Button2后，Label1不应该有变化，也就不足以说明只有UpdatePanel里面的内容进行了刷新。下面，再看一个实例。

实例13-2　认识局部刷新2

（1）新建一个Web窗体13-2.aspx。从工具箱中拖取一个ScriptManager控件、一个UpdatePanel控件，并在UpdatePanel控件中放入一个Button控件（Button1）和一个Label控件（Label1），然后在UpdatePanel控件外面再放一个label控件（Label2）。

（2）双击Button1，进入.cs后台文件，代码如下：

```
{
    protected void Page_Load(object sender, EventArgs e)
    {

    }
    protected void Button1_Click(object sender, EventArgs e)
    {
        Label1.Text = DateTime.Now.ToLongTimeString();
        Label2.Text = DateTime.Now.ToLongTimeString();
    }
}
```

（3）按F5键运行，单击Button1，结果如图13-4所示。

图13-4　局部页面回送运行结果

实例分析：从这个程序的代码中可以看到，在Button1_Click事件中更改了Label2的文本值，但显示的结果说明Label2并没有更新，即Button1触发的页面回送只是局部的，并不是整个页面的回送，只有UpdatePanel控件所包含的区域进行了局部更新。

（4）接下来，将Button1控件从UpdatePanel控件里面拖动到外面，如图13-5所示。

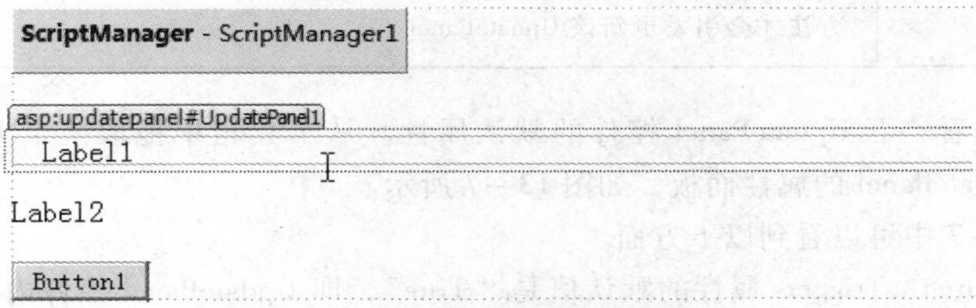

图13-5　将Button1移出UpdatePanel

（5）按 F5 键运行，单击 Button1，结果如图 13-6 所示。可以看到，Label1 和 Label2 都进行了更新，状态栏中的进度条闪烁也说明了整个页面都进行了刷新。

图 13-6　整个页面回送运行结果

为什么会发生这么大的变化呢？原因就是现在的 Button1 没有在 UpdatePanel 控件里面，所以在单击时产生的回送是整个页面范围的，包括 UpdatePanel 控件区域，因此两个 Label 控件都进行了更新。

至此，似乎可以得到结论：UpdatePanel 控件里面的控件如果能引发页面回送的话，就只更新 UpdatePanel 控件区域；UpdatePanel 控件外面的控件如果引发页面回送的话，UpdatePanel 控件区域也会更新。其实，UpdatePanel 里面的控件也可以引发其外的更新；同样，其外的控件也可以只引发 UpdatePanel 区域更新。在具体讲解前，读者先看一看 UpdatePanel 控件主要的属性，如表 13-1 所示。

表 13-1　UpdatePanel 属性表

属性或方法	说明
ChildrenAsTriggers	应用于 UpdateMode 属性为 Conditional 时，指定 UpdatePanel 中的子控件的异步回送是否会引发 UpdatePanel 的更新
RenderMode	表示 UpdatePanel 最终呈现的 HTML 元素。Block（默认）表示 < div >，Inline 表示 < span >
Triggers	用于引起更新的事件。在 ASP.NET Ajax 中有两种触发器，其中使用同步触发器（PostBackTrigger）只需指定某个服务器端控件即可，当此控件回送时采用传统的"PostBack"机制整页回送；使用异步触发器（AsyncPostBackTrigger）则需要指定某个服务器端控件的 ID 和该控件的某个服务器端事件
UpdateMode	表示 UpdatePanel 的更新模式，有两个选项：Always 和 Conditional。Always 是不管有没有 Trigger，其他控件都将更新该 UpdatePanel；Conditional 表示只有当前 UpdatePanel 的 Trigger 或 ChildrenAsTriggers 属性为 true 时，当前 UpdatePanel 中控件引发的异步回送或者整页回送、或者服务器端调用 Update( ) 方法才会引发更新该 UpdatePanel

下面，先看一下 UpdatePanel 控件的默认属性。从工具箱中拖取一个 UpdatePanel 控件，打开 UpdatePanel 的属性面板，如图 13-7 所示。

从图 13-7 中可以看到以下方面。

（1）ChildrenAsTriggers 属性的默认值是"True"，即 UpdatePanel 控件内部的子控件引发的页面回送都会使得 UpdatePanel 区域的局部刷新。

第13章 AJAX应用服务

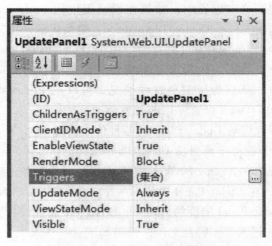

图 13 – 7 UpdatePanel 属性面板

（2）UpdateMode 属性的默认值是"Always"，即页面上任意一个局部更新被触发，此 UpdatePanel 就会更新。

切换到源视图，查看 HTML 代码如下：

```
<form id="form1" runat="server">
    <div>

        <asp:UpdatePanel ID="UpdatePanel1" runat="server">
        </asp:UpdatePanel>


    </div>
    </form>
```

重新切换到设计视图模式，在 UpdatePanel 控件内部拖入一个 Button 控件和一个 Label 控件，再次切换到源视图模式，查看 HTML 代码：

```
<form id="form1" runat="server">
    <div>
        <asp:UpdatePanel ID="UpdatePanel1" runat="server">
            <ContentTemplate>
                <asp:Button ID="Button1" runat="server" Text="Button" />
                <asp:Label ID="Label1" runat="server" Text="Label"></asp:Label>
            </ContentTemplate>
        </asp:UpdatePanel>
    </div>
    </form>
```

<ContentTemplate></ContentTemplate>是一对非常重要的标签，放入 UpdatePanel 容

器中的控件其实都是放到这对标签中，如果在源视图中向 UpdatePanel 里面添加控件而忘记了加上 <ContentTemplate></ContentTemplate>，则系统编译报错。

当某个页面中有多个 UpdatePanel 共存时，由于 UpdatePanel 的 UpdateMode 属性值默认为 Always，所以页面上如果有一个局部更新被触发，则所有的 UpdatePanel 都将更新。这也许和设计初衷不相符，所以为了避免这种情况，可以把 UpdateMode 属性设置为 Conditional，然后为每个 UpdatePanel 设置专用的触发器。

下面分别用示例深入讲解 UpdatePanel 的各种使用情况。

实例 13-3　内部子控件不再引发 UpdatePanel 刷新

（1）添加一个名为 13-3.aspx 的 Web 窗体，在页面中拖放一个 ScriptManager 控件和一个 UpdatePanel 控件，在 UpdatePanel 中放入一个 Button 控件（Button1）和一个 Label 控件（Label1），并将 UpdatePanel 控件的 ChildrenAsTriggers 属性设置为 False。

（2）双击 Button1，进入 .cs 后台文件，代码如下：

```
public partial class _13_3 : System.Web.UI.Page
{
    protected void Page_Load(object sender, EventArgs e)
    {

    }
    protected void Button1_Click(object sender, EventArgs e)
    {
        Label1.Text = DateTime.Now.ToLongTimeString();
    }
}
```

（3）按 F5 键运行，结果如图 13-8 所示。

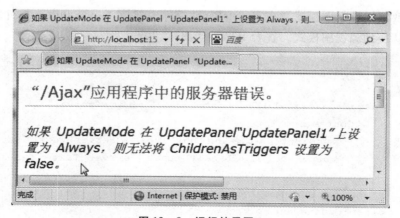

图 13-8　运行结果图 1

（4）将 UpdateMode 属性值更改为 Conditional，按 F5 键运行，单击 Button1，结果如图 13-9 所示。

第13章 AJAX应用服务

图 13-9 运行结果图 2

当单击 Button1 时，Label1 并没有显示时间。通过设置断点进行调试，可以知道 "Label1. Text = DateTime. Now. ToLongTimeString ();" 语句确实运行了，说明 Label1 所在的区域并没有刷新，即此时内部子控件没有引发 UpdatePanel 刷新。

(5) 将 ChildrenAsTriggers 属性重新设置为 True，按 F5 键运行，单击 Button1，如图 13-10所示，说明此时 UpdatePanel 局部刷新了。UpdateMode 属性值设置为 Conditional 时，表明触发 UpdatePanel 局部刷新时需要将 ChildrenAsTriggers 属性设置为 True。

图 13-10 运行结果图 3

实例 13-4 页面内多个 UpdatePanel，实现各自局部刷新

(1) 添加一个名为 13-4. aspx 的 Web 窗体，在页面中拖放一个 ScriptManager 控件和两个 UpdatePanel 控件，在每个 UpdatePanel 中各放入一个 Button 控件和一个 Label 控件，保持 UpdatePanel 的默认属性，如图 13-11 所示。

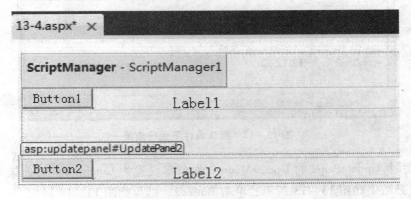

图 13-11 前台设计

（2）双击 Button1，进入 .cs 后台文件，代码如下：

```
{
    protected void Page_Load(object sender, EventArgs e)
    {

    }
    protected void Button1_Click(object sender, EventArgs e)
    {
        Label1.Text = DateTime.Now.ToLongTimeString();
        Label2.Text = DateTime.Now.ToLongTimeString();

    }
    protected void Button2_Click(object sender, EventArgs e)
    {
        Label1.Text = DateTime.Now.ToLongTimeString();
        Label2.Text = DateTime.Now.ToLongTimeString();

    }
}
```

（3）按 F5 键运行，单击 Button1 或者 Button2，结果如图 13-12 所示。

UpdatePanel1 中的 Button1 或者 UpdatePanel2 中的 Button2 都引发两个 UpdatePanel 刷新。这里什么原因呢？由于 UpdateMode 属性默认值是 Always。这样，凡是能引发页面 postback 回送的操作都会引发 UpdateMode 属性是 Always 的 UpdatePanel 的局部刷新。

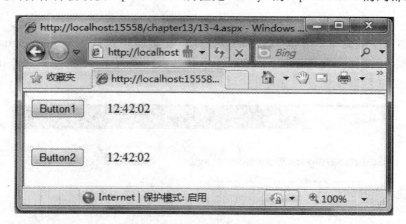

图 13-12　默认属性下运行结果

（4）将两个 UpdatePanel 的 UpdateMode 属性值都设置为 Conditional 时，按 F5 键运行。单击 Button1，结果如图 13-13 所示；单击 Button2，结果如图 13-14 所示。

当 UpdateMode 属性值为 Always 时，UpdatePanel 内部的任何变化都会引发更新；一旦 UpdateMode 属性值设置为 Conditional，若要引发 UpdatePanel 的刷新，有两种方法经常用

第13章　AJAX应用服务

到，分别是设置 UpdatePanel 外部控件作为触发器或在 UpdatePanel 的内部设置子控件作为触发条件。

图 13 – 13　单击 Button1 按钮结果

图 13 – 14　单击 Button2 按钮结果

实例 13 – 5　外部控件引发 UpdatePanel 的局部刷新

（1）添加一个名为 13 – 5.aspx 的 Web 窗体，在页面中拖放一个 ScriptManager 控件、一个 Button 控件（Button1）、一个 Label 控件（Label1）和一个 UpdatePanel 控件，并在 UpdatePanel 中放入一个 Label 控件（Label2），保持 UpdatePanel 的默认属性（注意，这次的 Button 控件在 UpdatePanel 外部）。

（2）双击 Button1，进入.cs 后台文件，代码如下：

```
{
    protected void Page_Load(object sender, EventArgs e)
    {

    }
    protected void Button1_Click(object sender, EventArgs e)
```

```
        {
            Label1.Text = DateTime.Now.ToLongTimeString();
            Label2.Text = DateTime.Now.ToLongTimeString();

        }
}
```

(3) 按 F5 键运行，单击 Button1，结果如图 13-15 所示。

图 13-15　默认属性下运行结果

从图 13-15 中，可以看到 UpdatePanel 内外的 Label 控件都刷新了并且状态栏里进度条有闪烁（绿色的进度条），说明整个页面都回送了，这是因为 Button1 在 UpdatePanel 外部，会引发整个页面的回送更新。

(4) 将 UpdateMode 属性设置为 Conditional，按 F5 键运行，单击 Button1，结果如图 13-16 所示。与步骤 (3) 的结果基本相同。这说明 UpdatePanel 外部控件造成的页面回送是整个页面范围的，包括 UpdatePanel 区域。

图 13-16　Conditional 下的运行结果

(5) 那么，有没有一种方法可以做到 UpdatePanel 外部的控件只引发 UpdatePanel 区域的局部刷新，而不造成整个页面的回送呢？有的。使用 UpdatePanel 的 Triggers 属性解决。

第13章 AJAX应用服务

打开 UpdatePanel1 的属性面板，单击 Triggers 集合。在打开的编辑器中，如图 13－17 所示，单击"添加"右边的小三角，选择 AsyncPostBackTrigger（一个 UpdatePanel 可以添加多个触发器），在绑定到触发器的 ControlID 中选择 Button1，EventName 选择 Click，最后单击"确定"按钮。（需要注意的是：触发器有两种类型，这里添加的是异步回送触发器 AsyncPostBackTrigger，可以用来实现本示例的目的，还有一种是同步回送触发器 PostBack-Trigger，会引发整个页面的回送，读者可自行验证。）

图 13－17　Trigger 编辑器集合

（6）按 F5 键运行，单击 Button1，结果如图 13－18 所示，只有 UpdatePanel 刷新了。

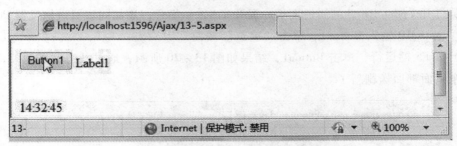

图 13－18　异步回送触发器下运行结果

实例 13－6　UpdatePanel 内部子控件引发整个页面的回送刷新

（1）添加一个名为 13－6.aspx 的 Web 窗体，在页面中拖放一个 ScriptManager 控件、一个 Label 控件（Label1）和一个 UpdatePanel 控件，并在 UpdatePanel 中放入一个 Button 控件（Button1）和一个 Label 控件（Label2）。

（2）双击 Button1，进入.cs 后台文件，代码如下：

```
{
    protected void Page_Load(object sender, EventArgs e)
    {

    }
    protected void Button1_Click(object sender, EventArgs e)
    {
        Label1.Text = DateTime.Now.ToLongTimeString();
        Label2.Text = DateTime.Now.ToLongTimeString();

    }
}
```

(3) 按 F5 键运行,单击 Button1,结果如图 13-19 所示。正如之前的例 13-2,Button1 在 UpdatePanel 内部,只会引发 UpdatePanel 区域的局部刷新,所以外面的 Label1 没有得到更新。

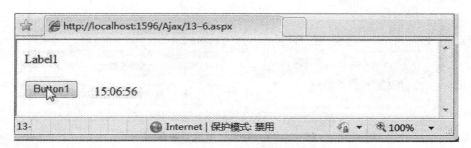

图 13-19 默认情况下的运行结果

(4) 打开 UpdatePanel 的属性面板,展开 Triggers 集合,添加同步回送触发器 PostBack-Trigger,ControlID 输入 Button1,单击"确定"按钮。

(5) 按 F5 键运行,单击 Button1,结果如图 13-20 所示,通过状态栏的进度条闪烁,可知整个页面都回送刷新了。

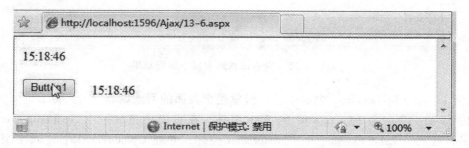

图 13-20 同步回送触发器下运行结果

3. UpdateProgress 控件

AJAX 提供了更加动态、更加敏捷的页面 UI 反应，当局部刷新的时间比较长时，UpdateProgress 控件可帮助设计更为直观的 UI，可以动态显示操作的完成情况，提供有关更新状态的可视反馈。

首先了解下 UpdateProgress 的主要属性，如表 13-2 所示。

表 13-2　UpdateProgress 的主要属性

属性	说明
AssociatedUpdatePannelID	该属性和该 UpdateProgress 相关联的 UpdatePanel 的 ID，通常用于有多个 UpdatePanel 的情况下
DisplayAfter	进度信息被展示后的 ms 数
DynamicLayout	UpdateProgress 控件是否动态绘制，而不占用网页空间

UpdateProgress 控件要和 UpdatePanel 控件结合使用，如果 AssociateUpdatePannelID 属性没有绑定页面上的任何一个 UpdatePanel 控件，那么编译系统默认的是页面上所有的 UpdatePanel 控件都和这个 UpdateProgress 控件挂钩，所以，页面上有多个 UpdatePanel 控件和 UpdateProgress 控件时，应分别绑定。

DisplayAfter 属性表示 UpdateProgress 控件在绑定的 UpdatePanel 触发局部刷新后多长时间开始起作用，如果程序代码中没有刻意推迟时间，那么在代码执行时，时间是很短暂的，DisplayAfter 属性设置太高的话，UpdateProgress 控件是来不及起作用的，因此用户就无法看到 UpdateProgress 的出现。

实例 13-7　UpdateProgress 实例

（1）添加一个名为 13-7.aspx 的 Web 窗体，在页面中拖放一个 ScriptManager 控件和一个 UpdateProgress 控件（UpdateProgress1）和一个 UpdatePanel 控件（UpdatePanel1），并在 UpdatePanel 中放入一个 Button 控件和一个 Label 控件。

（2）切换到源视图模式，在 UpdateProgress 控件子标签 <ProgressTemplate> 中添加 HTML 代码如下：

```
<asp:UpdateProgress ID="UpdateProgress1" runat="server">
    <ProgressTemplate>
    <span style="color:Red; font-size:larger;">Loading...</span>
    </ProgressTemplate>
</asp:UpdateProgress>
```

（3）展开 UpdateProgress1 控件属性面板，将 AssociateUpdatePannelID 属性设置为 UpdatePanel1。

（4）双击 Button1 控件，进入.cs 后台文件，代码如下：

```
protected void Button1_Click(object sender, EventArgs e)
    {
        Label1.Text = DateTime.Now.ToLongTimeString();
}
```

(5) 按 F5 键运行，单击 Button1，并没有出现预期的 UpdateProgress。

(6) 再次展开 UpdateProgress1 控件属性面板，将 DisplayAfter 属性值由默认的 500ms 改为 0ms，运行，单击 Button1，可以看到有"Loading…"字样的闪烁（如果没有出现，请多单击几次 Button1，因为代码执行时间太短暂）。

(7) 为了能让结果显示更加明显，可以刻意推迟代码的执行时间，即让程序主线程暂停 5 秒钟，这样，可以很直观地看到 UpdateProgress 控件的效果。在 Button1_Click 事件中增加语句：

```
{
    protected void Page_Load(object sender, EventArgs e)
    {

    }
    protected void Button1_Click(object sender, EventArgs e)
    {
        System.Threading.Thread.Sleep(5000);//主线程暂停5秒钟
        Label1.Text = DateTime.Now.ToLongTimeString();
    }
}
```

(8) 运行结果如图 13-21 所示，可以看到明显的"Loading…"字样，并且 5 秒钟后 Loading…消失，Label 控件的文本值由 Label1 变为系统时间。

图 13-21 UpdateProgress 运行结果

(9) UpdateProgress 控件魅力不限于此，可以结合 GIF 格式的动画图片丰富页面显示效果。将页面切换到源视图模式，在 UpdateProgress 控件子标签 <ProgressTemplate> 中更改 HTML 代码如下：

```
<asp:UpdateProgress ID="UpdateProgress1" runat="server"
AssociatedUpdatePanelID="UpdatePanel1" DisplayAfter="0">
    <ProgressTemplate>
        <%--<span style="color:Red;font-size:larger;">Loading...</span>--%>
        <img src="images/11.gif" alt="" />
    </ProgressTemplate>
</asp:UpdateProgress>
```

第13章 AJAX应用服务

（10）运行结果如图 13-22 所示，这个时候出现了动态的 GIF 图片，5 秒钟后，图片消失，Label 控件文本值由 Label1 变为系统时间。

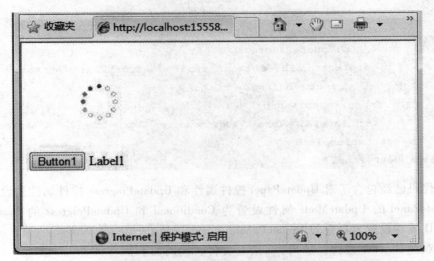

图 13-22　带 GIF 图片效果的运行结果

实例 13-8　UpdatePanel 引发各自的 UpdateProgress 提示

（1）添加一个名为 13-8.aspx 的 Web 窗体，在页面中拖放一个 ScriptManager 控件和两个 UpdatePanel 控件，并在每个 UpdatePanel 中各放入一个 Button 控件、一个 Label 控件和一个 UpdateProgress 控件（UpdateProgress 控件放到 UpdatePanel 内外都可以，只要通过 AssociateUpdatePannelID 属性绑定好了对应的 UpdatePanel 即可）。代码如下：

```
<asp:UpdatePanel ID="UpdatePanel1" runat="server" UpdateMode="Conditional">
    <ContentTemplate>
        <asp:UpdateProgress ID="UpdateProgress1" runat="server"
            AssociatedUpdatePanelID="UpdatePanel1">
            <ProgressTemplate>
                <img src="images/12.gif" alt="" />
            </ProgressTemplate>
        </asp:UpdateProgress>
        <asp:Button ID="Button1" runat="server" Text="Button1"
            onclick="Button1_Click" />
           
        <asp:Label ID="Label1" runat="server" Text="Label1"></asp:Label>
    </ContentTemplate>
</asp:UpdatePanel>
<p> </p>
<asp:UpdatePanel ID="UpdatePanel2" runat="server" UpdateMode="Conditional">
    <ContentTemplate>
        <asp:UpdateProgress ID="UpdateProgress2" runat="server"
```

```
                    AssociatedUpdatePanelID ="UpdatePanel2">
                    <ProgressTemplate>
                    <img src ="images/10.gif" alt =""/>
                    </ProgressTemplate>
                </asp:UpdateProgress>
                <asp:Button ID ="Button2" runat ="server" Text ="Button2"
                    onclick ="Button2_Click"/>
                   
                <asp:Label ID ="Label2" runat ="server" Text ="Label2"></asp:Label>
        </ContentTemplate>
    </asp:UpdatePanel>
```

上面代码已经包含了对 UpdatePanel 控件属性和 UpdateProgress 控件属性的设置，主要包括 UpdatePanel 的 UpdateMode 属性设置为 Conditional 和 UpdateProgress 的 AssociatedUpdatePanelID 属性设置为对应的 UpdatePanel。

（2）双击 Button1 控件，进入 .cs 后台文件，代码如下：

```
protected void Button1_Click(object sender, EventArgs e)
{
    System.Threading.Thread.Sleep(5000);//推迟线程时间5秒钟
    Label1.Text = DateTime.Now.ToLongTimeString();
}
protected void Button2_Click(object sender, EventArgs e)
{
    System.Threading.Thread.Sleep(5000);
    Label2.Text = DateTime.Now.ToLongTimeString();
}
```

（3）按 F5 键运行，结果如图 13 - 23 和图 13 - 24 所示。

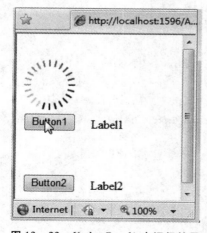

图 13 - 23　UpdatePanel1 中运行结果

图 13 - 24　UpdatePanel2 中运行结果

第13章 AJAX应用服务

在实际的大型项目开发中，UpdateProgress 控件比较常见，不过人为地推迟代码执行时间还是比较少见的（像上面演示实例中的 System.Threading.Thread.Sleep（5000）；语句应该删掉），这主要是从性能的角度出发。还有一些操作，如连接大型的数据库并检索满足条件的数据，代码本身的执行就需要一定的时间，这时候 UpdateProgress 控件的作用自然的显现出来，当代码执行完毕即局部刷新完成后，UpdateProgress 控件消失，起到提示的作用。

4. Timer 控件

在 ASP.NET AJAX Extensions 中，微软为用户封装了服务器端的定时器——Timer 控件，用于周期性地循环执行某些服务器端代码，实用性非常大。例如，可以指定每隔多长时间刷新一次整个页面或者某个 UpdatePanel 控件的局部区域以及可以指定每隔多长时间来连接一次数据库进而从中检索出某些数据等。

Timer 控件的主要属性如下。

- Interval 属性：用来决定每隔多长的时间要引发回送，其设置值的单位是毫秒。

每当 Timer 控件的 Interval 属性所设置的间隔时间达到而进行回送时，就会在服务器上引发 Tick 事件。通常会为 Tick 事件处理函数编写程序代码，以便能够根据需求来定时执行特定操作。

- Enabled 属性：将 Enabled 属性设置成 false 可以让 Timer 控件停止计时，而当需要让 Timer 控件再次开始计时的时候，只需再将 Enabled 属性设置成 True 即可。

Timer 控件用法非常简单，只需按照指定的时间间隔激活其 Tick 事件。

实例 13 – 9 动态的显示时间

（1）添加一个名为 13 – 9.aspx 的 Web 窗体，在页面中拖放一个 ScriptManager 控件、一个 Label 控件和一个 Timer 控件，并设置 Timer 控件的 Interval 属性值为 1000。

（2）双击 Timer 控件，进入 .cs 后台文件，代码如下：

```
{
    protected void Page_Load(object sender, EventArgs e)
    {

    }
    protected void Timer1_Tick(object sender, EventArgs e)
    {
        Label1.Text = DateTime.Now.ToLongTimeString();
    }
}
```

（3）按 F5 键运行，结果如图 13 – 25 所示，可以看到每隔 1 秒钟，整个页面闪烁刷新一次，时间也会跟着更新。

227

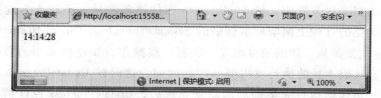

图 13-25　整个页面刷新运行结果

（4）显然，每隔 1 秒钟，整个页面都闪烁刷新会比较浪费资源，所以，在页面中添加一个 UpdatePanel 局部刷新控件，使得 Label 控件和 Timer 控件都在 UpdatePanel 内部（如果 Timer 控件放在 UpdatePanel 外部，需要指定 UpdatePanel 的异步回送触发器）。

（5）按 F5 键再次运行，结果如图 13-26 所示，可以看到时间每隔 1 秒钟更新一次，但整个页面并没有闪烁刷新，很好地实现了页面电子表的功能。

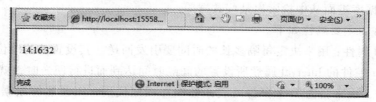

图 13-26　局部刷新计时结果

如果页面上不同 UpdatePanel 控件之内容所需更新间隔时间不相同，可以在页面上加入多个 Timer 控件，并且利用它们来分别负责定时异步更新页面上不同的 UpdatePanel 控件的内容。必要时，也可以让 Timer 控件定时引发整页回送，以便定时更新整个页面的内容。

实例 13-10　定时刷新更换图片的电子相册

（1）添加一个名为 13-10.aspx 的 Web 窗体，在页面中拖放一个 ScriptManager 控件和一个 UpdatePanel 控件，并在 UpdatePanel 控件内部放入一个 Timer 控件、一个 Image 控件和一个 DropDownList 控件。

（2）将 Timer 控件的 Interval 属性值设置为 3000。

（3）将 DropDownList 控件的 AutoPostBack 属性设置为 True，并编辑项，如图 13-27 所示。

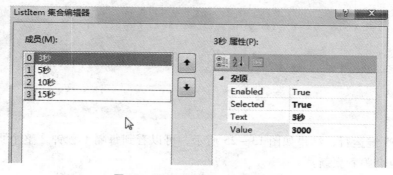

图 13-27　DropDownList 编辑项

(4) 双击 Timer 控件，进入 .cs 后台文件，代码如下：

```csharp
protected void Page_Load(object sender, EventArgs e)
{
    Image1.ImageUrl = "./picture/" + Session["jishu"].ToString() + ".jpg";
    //Session["jishu"]是在 Global.asax 文件里定义并初始化的
    //拼接字符串,设置 Image1 的图片地址
}
protected void Timer1_Tick(object sender, EventArgs e)
{
    Session["jishu"] = Convert.ToInt32(Session["jishu"]) + 1;
    if (Convert.ToInt32(Session["jishu"]) == 11)
    { Session["jishu"] = 1;    //一共10张图片,以此循环
        Image1.ImageUrl = "./picture/" + Session["jishu"].ToString() + ".jpg";
    }
    else
    {
        Image1.ImageUrl = "./picture/" + Session["jishu"].ToString() + ".jpg";
    }
}
protected void DropDownList1_SelectedIndexChanged(object sender, EventArgs e)
{
    Timer1.Interval = Int32.Parse(DropDownList1.SelectedValue);
}
```

注意 Session ["jishu"]是在 Global.asax 文件里定义并初始化的，如图 13-28 所示。

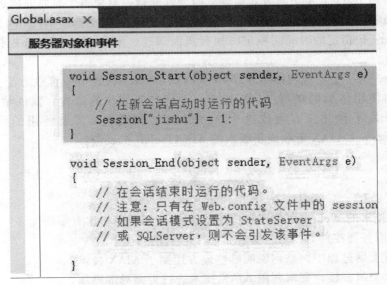

图 13-28 Global.asax 文件代码

（5）按 F5 键运行，可以看到每隔 3 秒钟，动态切换一张图片；等所有的图片播放完毕后，重新依次循环。更改下拉列表的值，如选择为 15 秒，可以看到每隔 15 秒钟，动态切换一张图片。

Timer 控件在 UpdatePanel 控件的内外还是有区别的。当 Timer 控件在 UpdatePanel 控件内部时，JavaScript 计时组件只有在一次回传完成后才会重新建立。也就说，直到网页回传之前，定时器间隔时间不会从头计算。例如，用户设置 Timer 控件的 Interval 属性值为 6000ms，但是回传操作本身却花了 2s 才完成，则下一次的回传将发生在前一次回传被引发之后的 8s。而如果 Timer 控件位于 UpdatePanel 控件之外，则当回传正在处理时，下一次的回传仍将发在前一次回传被引发之后的 6s。也就是说，UpdatePanel 控件的内容被更新之后的 4s，就会再次看到该控件被更新。如果 Interval 属性的值不够大，使得在前一次异步回送还没有完成之前就要开始下一次的异步回送，在此种状况下，新引发的异步回送会取消前一个还在处理中的异步回送。感兴趣的读者可查阅相关资料进一步学习。

13.3 小　　结

AJAX 技术是目前在浏览器中通过 JavaScript 脚本可以使用的所有技术的集合，其本身并没有创造出某种具体的新技术，然而 AJAX 以一种崭新的方式来使用所有的这些技术，使得古老的 B/S 方式的 Web 开发焕发了新的活力，改变了传统 Web 应用程序的开发方式，使得 Web 服务不需要漫长的页面等待，提供与桌面应用程序类似的用户体验。本章的主要控件如下。

（1）ScriptManager：管理客户端组件、局部刷新、注册用户自定义脚本。如果页面中使用 UpdatePanel、UpdateProgress 和 Timer 控件，就必须在它们之前包含 ScriptManager，如果只是小范围内的应用 AJAX，ScriptManager 可以只放到单独的页面中，如果整个站点是基于 AJAX 的，则将 ScriptManager 放到母版页中是一个不错的选择，当然一个页面只能有一个 ScriptManager。

（2）UpdatePanel：异步更新方式实现页面局部刷新，避免整个页面的回送闪烁。

（3）UpdateProgress：对 UpdatePanel 的局部刷新状态给出动态提示。

（4）Timer：按指定的时间间隔定时执行页面回送，配合 UpdatePanel 控件用于页面局部的定时刷新。

除此之外，为了更好地利用 ASP.NET AJAX，Microsoft 公司一直致力于支持 AJAX 并且提供更好的使用体验的扩展 AJAX 控件——AJAXToolkit 的研发。默认情况下，Visual Studio 2010 开发平台并没有集成这个 AJAXToolkit 扩展包，需要使用的话，可以访问 http://www.asp.net/AJAX 下载最新版本的 AJAXToolkit 扩展包。

13.4 课后习题

1. AJAX 技术的 Web 应用程序和传统的 Web 应用程序相比有哪些优势？
2. AJAX 服务器控件有哪些？并简述一下它们的功能。
3. 在平时上网过程中，举例说明哪些地方用到了 AJAX 技术。
4. 设计一个留言板，要求利用 AJAX 技术进行页面局部刷新。

第 14 章　图书馆管理系统综合实例

14.1　系统总设计

本章将通过图书馆应用程序利用 Visual Studio 2010 软件进行系统功能模块设计、用户控件设计、系统数据库等设计。

14.1.1　图书馆系统总设计

图书馆系统是一个结合本书功能的一个简单网站，如图 14-1 所示，主要包括 5 个模块：前台书籍浏览模块、用户登录/退出模块、用户借书还书功能模块、管理员管理用户模块、管理员管理书籍模块。

1. 前台书籍浏览模块

按照人们使用网站的习惯，前台书籍浏览模块主要是按照各种条件显示、搜索和查看书籍。用户使用前台书籍浏览模块的流程如图 14-2 所示。

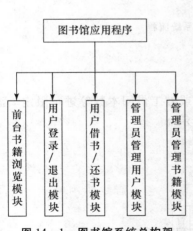

图 14-1　图书馆系统总构架

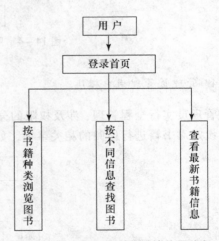

图 14-2　前台书籍浏览模块使用流程

2. 用户登录/退出模块

图书馆系统的用户登录不同于其他网站，可分为学生、教工和管理员角色，前两者角色的定义由管理员设置。用户使用本模块的主要流程如图 14-3 所示。

图 14-3 用户登录/退出系统流程

3. 用户借书/还书模块

用户借书还书模块由学生或教工借书，管理员管理还书组成。本模块允许匿名用户浏览和查看书籍的相关信息。书籍信息主要包括书籍编号、书籍名称、剩余数量和书籍出版时间等。当进行借书还书操作时，要求有相关角色登录，如图 14-4 所示。

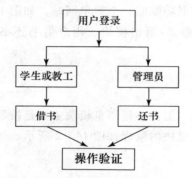

图 14-4 用户借书/还书系统流程

4. 管理员管理用户模块

管理员实行全程管理：涉及权限的分配、对学生或教工借阅本数等进行限定、添加用户、设定对书籍进行借阅的相关事项，如图 14-5 所示。

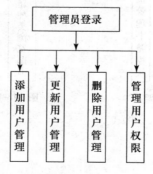

图 14-5 管理员管理用户模块流程

5. 管理员管理书籍模块

管理员对书籍进行分类管理，以供用户查阅使用。只有管理员才能对书籍分类、管理与维护。该模块流程图如图 14-6 所示。

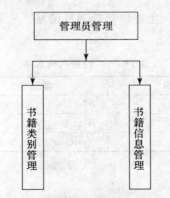

图 14-6 管理员管理书籍模块流程

14.1.2 用户控件

图书馆管理系统中的用户控件如下。

- Panel 组合用户控件：根据用户的不同角色，显示不同的登录信息。
- Mapsite 用户控件：根据站点地图实现站点导航功能。
- Repeater 用户控件：实现书籍类别的显示功能。
- GridView 用户控件：实现书籍的显示功能。
- SqlDataSource 用户控件：实现数据源与显示控件的数据库的交互。

14.1.3 系统数据库总设计

图书馆管理系统使用 Visual Studio 2010 软件以及自带的 SQL Server Express 2008 数据库进行开发。数据库名为 DBbook.mdf，共包括 7 个表：AdminInfo、BookInfo、Branch、BUInfo、Category、Limited 和 UserInfo。其中 AdminInfo 是管理员登录信息表，BookInfo 是书籍详细信息表，Branch 是图书馆部门设计表，BUInfo 是借书信息表，Category 是图书馆类别信息表，Limited 是用户借书限制表，UserInfo 是图书馆用户信息表。

14.2 图书馆系统数据库设计

图书馆数据库存储了书籍类别、书籍详细信息、用户信息、用户借书信息、图书馆部门联系方式和用户借书限制信息等。本节将介绍图书馆数据库中包含的表以及表与表之间的关系。

14.2.1 数据表设计

1. 管理员信息表

管理员信息表（AdminInfo）主要包括管理员编号、管理员名称、管理员密码等信息，详细如表14-1所示。

表14-1 管理员信息表

字段	说明	类型	备注
ID	管理员编号	Int	主键，自动增长
UserName	管理员名称	Nvarchar（20）	不允许为空
Password	管理员密码	Nvarchar（20）	不允许为空

2. 书籍信息表

书籍信息表（BookInfo）主要包括书籍编号、所属书籍种类、书籍名称、书籍作者、书籍图片、出版社、出版时间、图书数量、上架时间、图书数量、书籍描述，详细信息如表14-2所示。

表14-2 书籍信息表

字段	说明	类型	备注
ID	书籍编号	Int	主键，自动增长
CateId	所属书籍种类	Int	外键，不允许为空
BookName	书籍名称	Nvarchar（50）	允许为空
BookAuthor	书籍作者	Nvarchar（20）	允许为空
Image	书籍图片	Nvarchar（100）	存放图片的路径
Press	出版社	Nvarchar（25）	允许为空
PubTime	出版时间	DateTime	允许为空
UpTime	上架时间	DateTime	不允许为空
Quantity	图书数量	Int	不允许为空
BookDesc	书籍描述	Nvarchar（255）	允许为空

3. 部门信息表

部门信息表（Branch）主要包括图书馆部门编号、部门名称、部门电话信息，详细信息如表14-3所示。

表14-3 部门信息表

字段	说明	类型	备注
ID	部门编号	Int	主键，自动增长
Name	部门名称	Nvarchar（20）	允许为空
Phone	部门电话	Nvarchar（20）	允许为空

4. 借书信息表

借书信息表（BUInfo）主要包括用户编号、书籍编号、借书时间，详细信息如表 14-4 所示。

表 14-4 借书信息表

字段	说明	类型	备注
UserId	用户编号	Int	外键，不允许为空
BookId	书籍编号	Int	外键，不允许为空
BorTime	借书时间	DateTime	不允许为空

5. 书籍类别信息表

书籍类别信息表（Category）主要包括书籍分类编号、书籍分类名称和数据类别描述，详细信息如表 14-5 所示。

表 14-5 书籍类别信息表

字段	说明	类型	备注
ID	书籍分类编号	Int	主键，自动增长
CateName	书籍分类名称	Nvarchar（30）	允许为空
CateDesc	数据类别描述	Nvarchar（255）	允许为空

6. 借书限制表

借书限制表（Limited）主要包括限制类别编号、学生最多借书本数限制、教工最多借书本数限制等，详细信息如表 14-6 所示。

表 14-6 借书限制表

字段	说明	类型	备注
ID	限制类别编号	Int	主键，自动增长
TeaLimited	教工最多借书本数	Int	不允许为空
StuLimited	学生最多借书本数	Int	不允许为空

7. 用户信息表

用户信息表（UserInfo）主要包括用户编号、姓名、密码、角色、密保问题、密保答案，详细信息如表 14-7 所示。

表 14-7 用户信息表

字段	说明	类型	备注
ID	用户编号	Int	主键，自动增长
UserName	姓名	Nvarchar（20）	不允许为空
Password	密码	Nvarchar（20）	不允许为空
Type	角色	Int	不允许为空
Question	密保问题	Nvarchar（50）	不允许为空
Answer	密保答案	Nvarchar（50）	不允许为空

14.2.2 数据表联系设计

为了实现数据支持，考虑数据间的参照完整性要求，图书馆数据库中各数据表的联系如图 14-7 所示。

其中 BUInfo 表中的 UserId 和 BookId 都是外键，分别与 UserInfo 表和 BookInfo 表关联。Bookinfo 表的 CateId 是外键，与 Category 有关联。

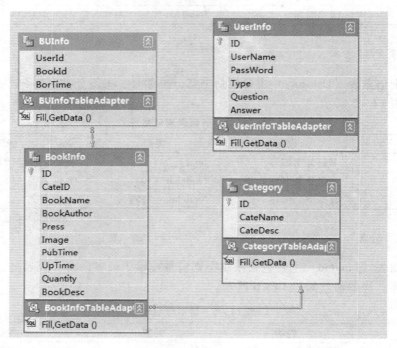

图 14-7 书籍库关系表

14.3 用户控件设计

本节将介绍图书馆管理系统中的书籍类别展示控件、用户状态、站点导航以及最新列表等功能。

14.3.1 书籍类别列表用户控件

图书类别列表在首页 Default.aspx 中实现，主要包括一个 GridView 控件和一个 SqlDataSource 控件。其中图书类别加上超链接，通过单击商品类别可以进入该类别的商品列表页面，运行效果如图 14-8 所示。

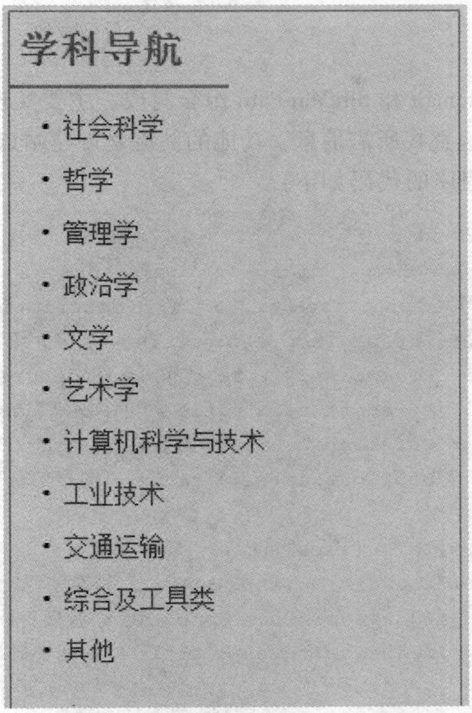

图14-8 图书类别显示

14.3.2 用户状态控件

用户状态控件由 Panel 控件中添加 Textbox、Button 和 DropDownList 控件组合实现，实现根据不同角色用户的不同登录状态显示不同的用户状态信息和可操作菜单。例如，用户未登录时的状态信息，当 Member 角色用户登录后显示的信息，同时具有修改密码和退出登录的操作，当管理员登录时进入管理员管理页面。

用户状态控件执行效果如图14-9～图14-11所示。

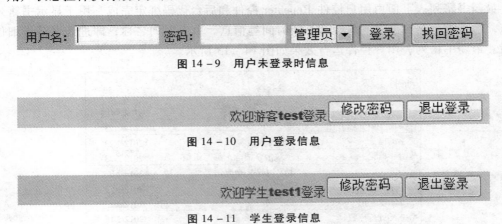

图14-9 用户未登录时信息

图14-10 用户登录信息

图14-11 学生登录信息

14.3.3 站点导航

站点导航是由 Web.sitemap 和 SiteMapPath 组合写成，主要实现站点的导航功能。实现站点导航功能有利于用户快速查找所需信息，功能的关键是创建站点地图 Web.sitemap 文件。

Web.sitemap 部分源程序的代码如下：

```
<?xmlversion="1.0"encoding="utf-8"?>
<siteMapxmlns="http://schemas.microsoft.com/AspNet/SiteMap-File-1.0">
    <siteMapNodeurl="Default.aspx"title="首页"description="">
        <siteMapNodeurl="IntroMyShop.aspx"title="本馆介绍"description=""/>
        <siteMapNodeurl="Bruch.aspx"title="部门介绍"description=""/>
        <siteMapNodeurl="MoreBook.aspx"title="更多图书"description=""/>
        <siteMapNodeurl="Cate.aspx"title="图书分类"description="">
        <siteMapNodeurl="BookContent.aspx"title="图书信息"description=""/>
        </siteMapNode>
        <siteMapNodeurl="ZhiDu.aspx"title="规章制度"description=""/>
        <siteMapNodeurl="XiuGaiMiMa.aspx"title="修改密码"description=""/>
        <siteMapNodeurl="LookPassWord.aspx"title="找回密码"description="">
        <siteMapNodeurl="GetPassWord.aspx"title="取回密码"description=""/>
        </siteMapNode>
    </siteMapNode>
</siteMap>
```

当用户访问到某信息页面时，站点导航控件运行的效果如图 14-12 所示。

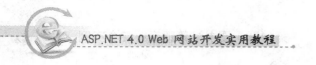

图 14-12　站点导航控件运行效果

14.3.4 最新书籍类表页面

最新书籍列表页面由用户控件 Repeater 控件和后台代码绑定完成，用于显示书籍列表信息，包括书刊名称、书刊作者和上架时间等信息。单击书刊名称，即进入书籍详细信息页面。最新书籍列表用户控件运行效果如图 14-13 所示。

新书上架		
书名	作者	上架时间
社会而学研究法方法	李景山	2012/2/23
文学的概念	(日)铃木贞美	2012/2/23
政治学概论	《政治学概念》编写组编	2012/2/23
管理学	[美]约翰·R.舍默霍恩	2012/2/23
哲学家	冯俊	2012/2/23
Java开发之道	张振坤	2012/2/23
ASP.NET程序设计	高俊杰	2012/2/19

图 14-13　最新书籍列表运行

14.4 前台显示页面设计

14.4.1 母版页设计

图书馆管理系统将网站 Logo、导航条、站点导航、登录模块和书籍的搜索功能等整合在一起，形成母版页，可以大大提高开发效率，降低维护强度。注意在管理员页面和用户页面分别使用了不同的母版页。母版页界面设计如图 14-14 所示。

图 14-14 母版页界面设计

14.4.2 书籍详细信息浏览页面

书籍详细信息浏览页面（BookContent.aspx）实现了在书籍类别中查看书籍的详细信息，还可以按最新上架书籍浏览特定书籍的详细信息。

BookContent.aspx 界面的设计主要包括两部分内容。

(1) 添加网站新项目的母版页。

(2) 创建一个 <Table> 合理设计布局，在相应的位置添加 Lable、Image 和 Button 等控件来显示书籍的详细信息。单击借阅按钮后，显示用户是否操作成功。

书籍详细信息浏览页面效果如图 14-15 所示。

图 14-15 单个书籍详细信息页面运行效果

14.4.3 书籍搜索页面

为了方便用户，书籍搜索功能在首页和模板页面中都设置了，主要实现按不同的检索类型显示书籍的列表信息，再单击该书本信息的书刊名称，可以显示更详细信息。

书籍搜索功能浏览效果如图 14-16、图 14-17 和图 14-18 所示。

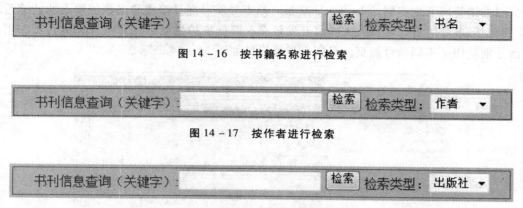

图 14-16　按书籍名称进行检索

图 14-17　按作者进行检索

图 14-18　按出版社进行检索

14.5　用户修改和找回密码

用户修改和找回密码功能是电子商务网站必备的功能模块，主要是为用户提供如下功能：用户登录系统、修改密码、找回用户密码和退出系统等。

14.5.1　用户登录

用户登录主要是在 Panel 控件中引用 Textbox 控件和 Button 控件实现登录和找回密码的功能。登录界面如图 14-19 和图 14-20 所示。

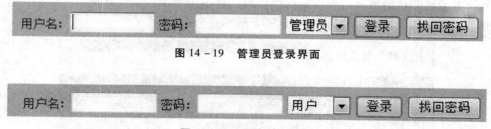

图 14-19　管理员登录界面

图 14-20　用户登录界面

14.5.2　用户修改密码

用户修改密码页面（XiuGaiMiMa.aspx）浏览效果如图 14-21 所示。修改密码成功将出现提示信息，如图 14-22 所示。

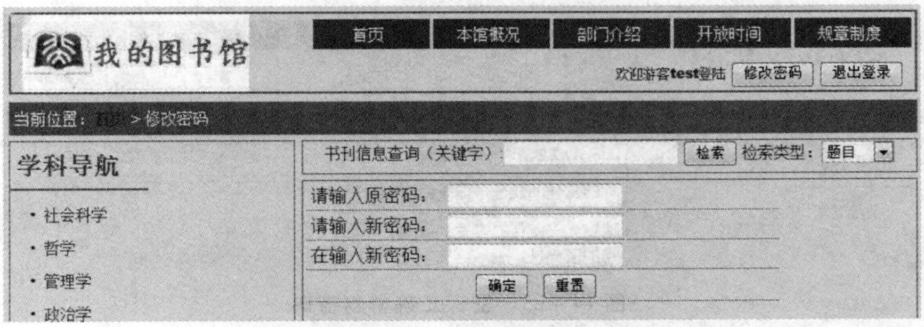

第14章 图书馆管理系统综合实例

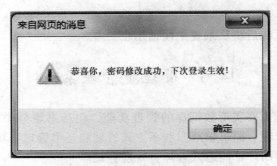

图 14-21 修改密码页面运行

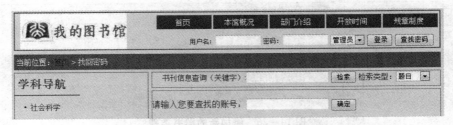

图 14-22 密码修改成功

14.5.3 找回用户密码

找回用户密码页面（LookPassWord.aspx），运行效果如图 14-23 所示。输入正确用户信息后导入 GetPassWord.aspx 页面，运行效果如图 14-24 和图 14-25 所示，输入相关信息，得到用户的密码。

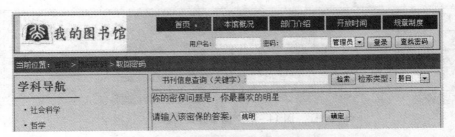

图 14-23 用户找回密码提示页面

图 14-24 得到密码提示页面

241

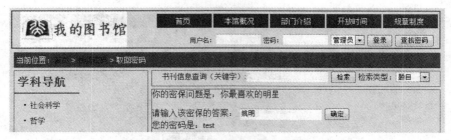

图 14 – 25　密保正确得到密码

14.5.4　退出系统

当用户单击退出系统后将从系统中注销用户。

14.6　管理员管理系统

管理员的管理功能主要实现数据库的管理功能，包括书籍分类管理、书籍信息管理、用户管理、用户权限管理、图书馆部门联系方式管理和还书管理等功能。

只有管理员级别的用户才能进入管理员管理界面。

14.6.1　书籍分类管理

书籍分类管理由 CateList.aspx 页面和 NewCateList.aspx 页面实现，主要涉及 Repeater 控件和 CateList.aspx.cs 文件，实现书籍分类信息管理功能。使用灵活的 Repeater 控件，可以使用查看、删除功能和在新页面中添加新的书籍类别。

书籍分类管理页面运行效果如图 14 – 26、图 14 – 27 和图 14 – 28 所示。

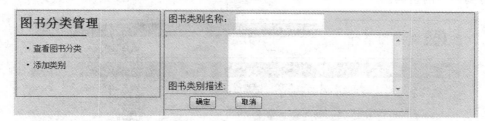

图 14 – 26　添加新的图书类别

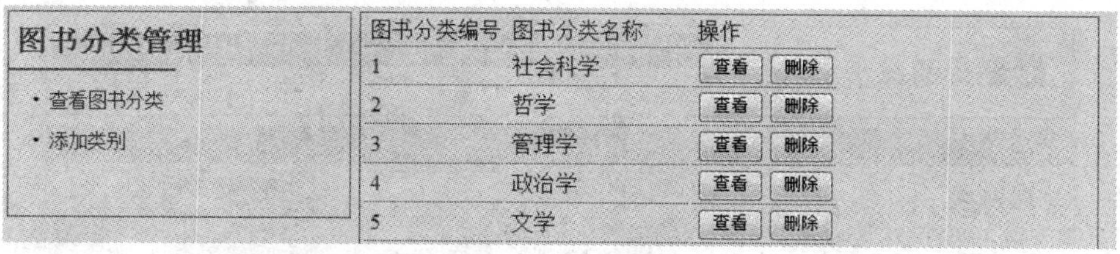

图 14 – 27　图书分类列表

第14章　图书馆管理系统综合实例

图 14-28　更新类别操作

14.6.2　书籍信息管理

书籍信息管理由 BookList.aspx 和 NewBook.aspx 页面实现，主要使用 GridView 控件、SqlDataSource 控件和 DropDownList 控件实现不同类别图书的增添、修改和删除管理功能。用自定义的 GridView 控件定义数据的显示风格，通过 DropDownList 控件选择类别，更方便进行不同类别图书的管理。

书籍信息管理页面运行效果如图 14-29 和图 14-30 所示。

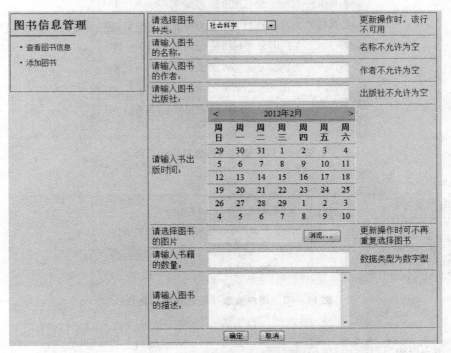

图 14-29　图书信息添加页面

图 14-30　图书信息列表页

243

14.6.3 用户信息管理

用户信息管理由 UserList.aspx 和 NewUser.aspx 页面实现，主要涉及 SqlDataSource 控件、GridView 控件和 DropDownList 控件。自定义 GridView 控件进行数据绑定并引用分页功能。Button 按钮实现查看、删除功能。DropDownList 实现用户的不同权限。利用 NewUser.aspx 页面实现新用户的录入。

用户信息管理页面绑定数据及运行效果如图 14-31、图 14-32 和图 14-33 所示。

图 14-31 绑定用户信息设计页面

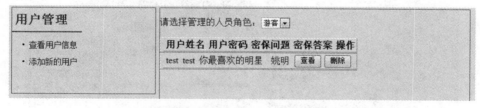

图 14-32 用户信息（可选择不同角色）

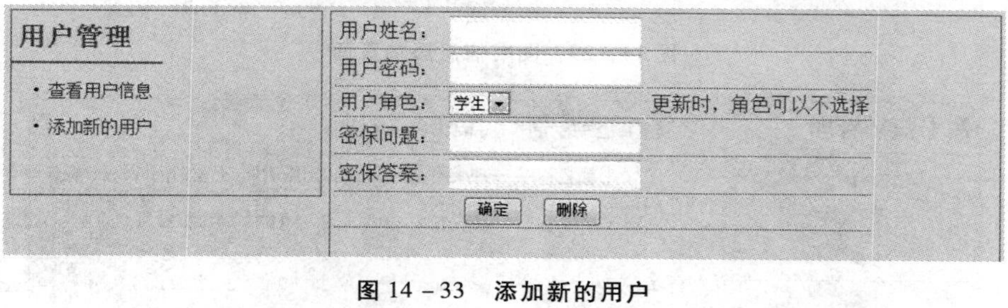

图 14-33 添加新的用户

14.6.4 还书管理

还书管理是管理员的特权,由 Others. aspx 和 BackBook. aspx 页面实现,主要涉及 Repeater 控件和视图功能(注意视图在此仅用于显示)。

还书页面数据绑定运行效果如图 14-34 所示。

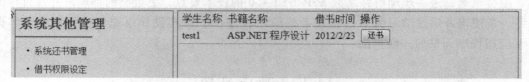

图 14-34 还书界面

14.6.5 借书权限设定

借书权限设定是由 Limited. aspx 页面实现,主要实现管理教工和学生最大借书本数的设定。注意此处匿名用户禁止借书,运行效果如图 14-35 和图 14-36 所示。

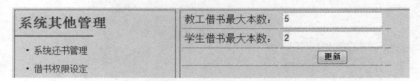

图 14-35 借书权限界面

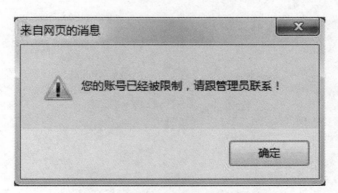

图 14-36 借书限制界面运行

14.6.6 部门管理

部门管理页面(Branch. aspx)主要涉及 SqlDataSource 控件和 DetailsView 控件。DetailsView 控件以分页方式显示部门的联系方式,单击"编辑"、"删除"、"新建"按钮分别可以实现修改、删除和添加功能。

14.7 小　　结

本章学习了图书馆管理系统综合实例的开发过程，主要包括系统总设计、数据库设计、用户页面、管理员页面等。通过该实例的学习，有利于 ASP.NET 4.0 的学习，整体总结，融会贯通，进一步理解并掌握 ASP.NET 4.0 的技术要点，更重要的是理清开发过程的思路。希望读者通过学习图书馆管理系统应用程序，了解其设计思想，进而熟悉、掌握 Web 应用程序开发的一般方法。

14.8　课后习题

1. 分析并调试图书馆案例。
2. 选择自己感兴趣的一个 Web 应用程序进行设计开发，要求充分利用 ASP.NET 4.0 技术。

参 考 文 献

[1]〔美〕艾维耶. ASP. NET 4 高级编程[M](第7版). 李增名,译. 北京:清华大学出版社,2010.

[2]〔美〕赫尔德尔著. Ajax 权威指南[M]. 陈宗斌,等译. 北京:机械工业出版社,2009.

[3]〔美〕拉芙著. ASP. NET 3.5 网站开发全程解析[M]. 王吉星,等译. 北京:清华大学出版社,2010.

[4]〔美〕谢菲尔德. ASP. NET 4 从入门到精通[M]. 张大威,译. 北京:清华大学出版,2011.

[5] 郭兴峰,张露,等. ASP. NET 3.5 动态网站开发基础教程[M]. 北京:清华大学出版社,2010.

[6] 黎卫东. ASP. NET 网络开发入门与实践[M]. 北京:人民邮电出版社,2006.

[7] 李春葆,曾慧. SQL Server 2000 应用系统开发教程[M]. 北京:清华大学出版社,2005.

[8] 李勇平,陈峰波. ASP. NET(C#)基础教程[M]. 北京:清华大学出版社,2006.

[9] 刘亮亮. 从零开始学 C#[M]. 北京:电子工业出版社,2011.

[10] 刘先省,等. Visual C#程序设计教程[M]. 北京:机械工业出版社,2006.

[11] 马伟. ASP. NET 4 权威指南[M]. 北京:机械工业出版社,2011.

[12] 沈士根,汪承焱. Web 程序设计[M]. 北京:清华大学出版社,2009.

[13] 赵晓东,张正礼,等. ASP. NET 3.5 从入门到精通[M]. 北京:清华大学出版社,2009.